U0667955

"安康杯"

职工安全教育警示案例 **100** 篇

《"安康杯"职工安全教育警示案例 100 篇》 编委会◎编

中国铁道出版社有限公司
CHINA RAILWAY PUBLISHING HOUSE CO., LTD.

北京

图书在版编目（CIP）数据

"安康杯"职工安全教育警示案例100篇/《"安康杯"
职工安全教育警示案例100篇》编委会编. —北京：中国
铁道出版社有限公司，2022.12
　ISBN 978-7-113-29833-3

Ⅰ.①安… Ⅱ.①安… Ⅲ.①企业管理-安全生产-劳动
竞赛-案例-中国 Ⅳ.①X931

中国版本图书馆CIP数据核字（2022）第213024号

书　　名："安康杯"职工安全教育警示案例100篇
作　　者：《"安康杯"职工安全教育警示案例100篇》编委会

责任编辑：郑媛媛　　　　　　　　　编辑部电话：(010) 51873293
编辑助理：弓维桢
封面设计：刘　莎
责任校对：安海燕
责任印制：赵星辰

出版发行：中国铁道出版社有限公司（100054，北京市西城区右安门西街8号）
印　　刷：北京柏力行彩印有限公司
版　　次：2022年12月第1版　　2022年12月第1次印刷
开　　本：880 mm×1 230 mm　1/32　印张：5.875　字数：134千
书　　号：ISBN 978-7-113-29833-3
定　　价：23.00元

《"安康杯"职工安全教育警示案例100篇》
编委会

主　　编：王　瑞

副 主 编：范英书　叶峪清

责任编辑：刘　杨　　王靖超　　李　明　　李　铁

　　　　　蔡文明　　宋德明　　陈　铮

编写人员：聂建伟　　张　明　　谢文广　　张旭莹

　　　　　臧丽华　　孙　强　　霍　旺　　史丽丽

　　　　　王　鹏　　刘博辉　　张连春　　邸燕华

插　　图：兰宏伟

前　言

　　为全面深入贯彻落实习近平总书记关于安全生产工作的一系列重要指示和党中央、国务院、国铁集团决策部署，坚持底线思维，树牢安全发展理念，按照《中国铁路北京局集团有限公司"十四五"安全发展规划》总体要求，集团公司工会坚持教育为先、预防为主，进一步深化"安康杯"竞赛活动内涵，推动职工安全教育向纵深发展，编印了《"安康杯"职工安全教育警示案例100篇》（以下简称《教育警示案例》），供集团公司干部职工学习阅读，充分发挥典型案例警示教育作用。

　　《教育警示案例》收录了近年来100个典型案例，内容涉及法制宣传——违法犯罪篇、安全生产——事故教训篇、案例警醒——分析启示篇三个部分。对于案例的选取，集团公司工会立足关心关爱职工生产、生活的角度，会同集团公司安监室、企法部、职教部、团委等相关部门进行案例的研讨和商定，通过征求集团公司各系统单位意见的方式，完善了案例的选定。《教育警示案例》内容丰富、教育深刻，不仅剖析了身边活生生的案例，发人深省，也给开展职工警示教育提供了生动鲜活的教材，具有较高的参考借鉴价值。希望各单位工会认真组织学习，用好《教育警示案例》这本"活教材"，让职工真切地感受到由于个人的不当行为以及安全生产管理上的疏漏，给安全生产和人身造成的严重后果，同时能够通过这些教训，举一反三、警钟长鸣，切实加强安全生产管理，及时消除安全生产隐患，确保集团公司财产和人员生命安全，以更加精准的工作措施、更加有力的责任落实，更加饱满的热情和精神状态履职尽责，牢牢守住铁路安全生命底线，推动首善之局安全发展不断取得新成效。

　　由于时间仓促和能力所限，书中难免存在不妥之处，敬请广大读者谅解和批评指正。

编委会

2022 年 12 月

目　录

第一部分　　**法制宣传——违法犯罪篇**

第二部分　　安全生产——事故教训篇

第三部分　　案例警醒——分析启示篇

第一部分

法制宣传——违法犯罪篇

一、《中华人民共和国刑法》案例

◆ 案例1【赌博罪】

2020年3月至10月，被告人赵某、刘某、杨某等9人利用计算机通过多个赌博网络的足球比赛进行相互投注赌博，在保证投注金额不输不赢的情况下，增加对赌博网站的投注量，从而赚取赌博网站"返水"利润（俗称"打水"）。其中，被告人赵某负责出资，刘某负责账目管理，杨某等7人负责"打水"操作。直至被公安机关抓获，被告人赵某投注金额约200万元，获利1.5万元；刘某投注金额约115万元，获利5 000元；其他人员投注金额30万元到240万元不等。

法院经审理认为，被告人赵某等9人以营利为目的，聚众赌博，其行为已构成赌博罪。在共同犯罪中，被告人赵某、刘某起主要作用，是主犯；被告人杨某等7人起次要作用，是从犯。人民检察院依法对赵某、刘某、杨某等9名被告人提起公诉。法院以赌博罪分别判处赵某等9人有期徒刑八个月至一年三个月不等，并处罚金。

法律规定

《中华人民共和国刑法》

第三百零三条　【赌博罪】以营利为目的，聚众赌博或者以赌博为业的，处三年以下有期徒刑、拘役或者管制，并处罚金。

【开设赌场罪】开设赌场的，处五年以下有期徒刑、拘役或者管制，并处罚金；情节严重的，处五年以上十年以下有期徒刑，并处罚金。

【组织参与国（境）外赌博罪】组织中华人民共和国公民参与国（境）外赌博，数额巨大或者有其他严重情节的，依照前款的规定处罚。

《最高人民法院、最高人民检察院关于办理赌博刑事案件具体应用法律若干问题的解释》

第一条　以营利为目的，有下列情形之一的，属于刑法第三百零三条规定的"聚众赌博"：

（一）组织3人以上赌博，抽头渔利数额累计达到5 000元以上的；

（二）组织3人以上赌博，赌资数额累计达到5万元以上的；

（三）组织3人以上赌博，参赌人数累计达到20人以上的；

（四）组织中华人民共和国公民10人以上赴境外赌博，从中收取回扣、介绍费的。

　　2017 年 8 月至 2018 年 2 月，被告人崔某在"电视购物群""快递单号群"等微信群、QQ 群购买了大量公民个人信息，并将信息内容用于电话推销奶粉等商品。另外，被告人崔某得知刘某有大量公民个人信息，于是两人将手中的公民个人信息进行交换，并利用交换得来的信息内容进行电话商品推销。经统计，被告人崔某以购买、交换、分享等方式获得公民个人信息 20 余万条。2018 年 5 月，被告人崔某还通过购物微信群出售约 3 000 条公民个人信息并从中获利。法院以侵犯公民个人信息罪判处崔某有期徒刑三年三个月，并处罚金 2 万元。

法律规定

《中华人民共和国刑法》

第二百五十三条之一 【侵犯公民个人信息罪】违反国家有关规定，向他人出售或者提供公民个人信息，情节严重的，处三年以下有期徒刑或者拘役，并处或者单处罚金；情节特别严重的，处三年以上七年以下有期徒刑，并处罚金。

违反国家有关规定，将在履行职责或者提供服务过程中获得的公民个人信息，出售或者提供给他人的，依照前款的规定从重处罚。

窃取或者以其他方法非法获取公民个人信息的，依照第一款的规定处罚。

单位犯前三款罪的，对单位判处罚金，并对其直接负责的主管人员和其他直接责任人员，依照各该款的规定处罚。

《中华人民共和国个人信息保护法》

第十条 任何组织、个人不得非法收集、使用、加工、传输他人个人信息，不得非法买卖、提供或者公开他人个人信息；不得从事危害国家安全、公共利益的个人信息处理活动。

◆ 案例3【帮助信息网络犯罪活动罪】

2021年7月初，被告人钱某在明知他人收购银行卡是用于网络违法犯罪活动的情况下，仍以1 500元/套的价格将其名下的3张银行卡连同配套的电话卡及密码器出售给他人，实际获利4 000元。经查证，诈骗分子利用被告人钱某出售的其中一张银行卡接收诈骗款24万余元。同年8月初，被告人刘某经被告人钱某介绍，将其名下的3张银行卡连同配套的电话卡及密码器以1 500元/套的价格出售给他人，后被公安机关查获而未实际取得赃款。经查证，诈骗分子利用被告人刘某的银行卡接收诈骗款共计20万余元。法院以帮助信息网络犯罪活动罪判处钱某有期徒刑七个月，并处罚金5 000元，依法追究其违法所得；判处刘某有期徒刑七个月，缓刑一年，并处罚金4 000元。

法律规定

《中华人民共和国刑法》

第二百八十七条之二　【帮助信息网络犯罪活动罪】明知他人利用信息网络实施犯罪，为其犯罪提供互联网接入、服务器托管、网络存储、通讯传输等技术支持，或者提供广告推广、支付结算等帮助，情节严重的，处三年以下有期徒刑或者拘役，并处或者单处罚金。

单位犯前款罪的，对单位判处罚金，并对其直接负责的主管人员和其他直接责任人员，依照第一款的规定处罚。

有前两款行为，同时构成其他犯罪的，依照处罚较重的规定定罪处罚。

《最高人民法院、最高人民检察院关于办理非法利用信息网络、帮助信息网络犯罪活动等刑事案件适用法律若干问题的解释》

第十一条　为他人实施犯罪提供技术支持或者帮助，具有下列情形之一的，可以认定行为人明知他人利用信息网络实施犯罪，但是有相反证据的除外：

（一）经监管部门告知后仍然实施有关行为的；

（二）接到举报后不履行法定管理职责的；

（三）交易价格或者方式明显异常的；

（四）提供专门用于违法犯罪的程序、工具或者其他技术支持、帮助的；

（五）频繁采用隐蔽上网、加密通信、销毁数据等措施或者使用虚假身份，逃避监管或者规避调查的；

（六）为他人逃避监管或者规避调查提供技术支持、帮助的；

（七）其他足以认定行为人明知的情形。

第十二条　明知他人利用信息网络实施犯罪，为其犯罪提供帮助，具有下列情形之一的，应当认定为刑法第二百八十七条之二第一款规定的"情节严重"：

（一）为三个以上对象提供帮助的；

（二）支付结算金额二十万元以上的；

（三）以投放广告等方式提供资金五万元以上的；

（四）违法所得一万元以上的；

（五）二年内曾因非法利用信息网络、帮助信息网络犯罪活动、危害计算机信息系统安全受过行政处罚，又帮助信息网络犯罪活动的；

（六）被帮助对象实施的犯罪造成严重后果的；

（七）其他情节严重的情形。

实施前款规定的行为，确因客观条件限制无法查证被帮助对象是否达到犯罪的程度，但相关数额总计达到前款第二项至第四项规定标准五倍以上，或者造成特别严重后果的，应当以帮助信息网络犯罪活动罪追究行为人的刑事责任。

◆ 案例 4【破坏计算机信息系统罪】

　　2018 年 11 月，刘某在其住处内通过互联网接受了一名自称某博彩公司员工的男子雇佣，通过互联网对上线指定的数十个网站和服务器进行攻击，致使相关网站和服务器瘫痪。2019 年 8 月至 9 月，刘某又雇请了张某等人作为网络攻击手，并指使张某多次采取 CC 攻击、DDOS 攻击等手段，对上线指定的网站和服务器进行攻击，导致被攻击对象不能正常运行。事后，刘某非法获利 4 万余元，张某非法获利约 6 000 元。法院以破坏计算机信息系统罪判处刘某有期徒刑二年，判处张某有期徒刑八个月，并依法追缴两名被告人的违法所得。

法律规定

《中华人民共和国刑法》

第二百八十六条　【破坏计算机信息系统罪】违反国家规定，对计算机信息系统功能进行删除、修改、增加、干扰，造成计算机信息系统不能正常运行，后果严重的，处五年以下有期徒刑或者拘役；后果特别严重的，处五年以上有期徒刑。

违反国家规定，对计算机信息系统中存储、处理或者传输的数据和应用程序进行删除、修改、增加的操作，后果严重的，依照前款的规定处罚。

故意制作、传播计算机病毒等破坏性程序，影响计算机系统正常运行，后果严重的，依照第一款的规定处罚。

单位犯前三款罪的，对单位判处罚金，并对其直接负责的主管人员和其他直接责任人员，依照第一款的规定处罚。

◆ 案例 5【非法获取计算机信息系统数据罪】

2021 年 4 月，在校学生蔡某发现网络上某币的价格飞涨，于是产生将手中囤积的某币出售获利的想法，但其数据在电子钱包内无法提取到交易账户进行销售。于是蔡某找到某贴吧吧主张某，得知张某曾向他人提供某币技术咨询后，蔡某就雇请张某帮助其提取。4 月 17 日，被告人张某利用计算机远程控制蔡某某币的电子钱包后，窃取了该电子钱包的助记词等关键信息，并转走蔡某存放在电子钱包内的 32 000 个币，造成蔡某经济损失 72 875.8 元。事后，被告人张某将盗得的某币用于网络赌博。最终法院以非法获取计算机信息系统数据罪判处张某有期徒刑三年，缓刑四年，并处罚金 1 万元。

法律规定

《中华人民共和国刑法》

第二百八十五条 【非法侵入计算机信息系统罪】违反国家规定，侵入国家事务、国防建设、尖端科学技术领域的计算机信息系统的，处三年以下有期徒刑或者拘役。

【非法获取计算机信息系统数据、非法控制计算机信息系统罪】违反国家规定，侵入前款规定以外的计算机信息系统或者采用其他技术手段，获取该计算机信息系统中存储、处理或者传输的数据，或者对该计算机信息系统实施非法控制，情节严重的，处三年以下有期徒刑或者拘役，并处或者单处罚金；情节特别严重的，处三年以上七年以下有期徒刑，并处罚金。

【提供侵入、非法控制计算机信息系统程序、工具罪】提供专门用于侵入、非法控制计算机信息系统的程序、工具，或者明知他人实施侵入、非法控制计算机信息系统的违法犯罪行为而为其提供程序、工具，情节严重的，依照前款的规定处罚。

单位犯前三款罪的，对单位判处罚金，并对其直接负责的主管人员和其他直接责任人员，依照各该款的规定处罚。

◆ 案例6【袭警罪】

　　2021年10月9日晚，被告人崔某酒后无证驾驶摩托车行驶至某路段时，发现有交警设卡查酒驾，便准备掉头离开。正在执勤的交警张某见状便上前对崔某进行酒精呼气检测，发现其有酒后驾车的嫌疑，随即通知了一同执勤的交警。3名交警立即赶到现场，将崔某带至执勤卡点警车旁再次进行酒精呼气检测。在交警多次警告提醒、释法说理后，崔某仍拒不配合工作，并辱骂交警。见此，交警随即将崔某强制传唤带上警车准备前往医院对其进行抽血检测。崔某情绪激动，与交警进行拉扯并咬伤交警张某。后在交警的控制下，崔某被送往医院抽取血样。经鉴定，张某右手皮肤软组织损伤，其损伤程度属轻微伤。案发后，被告人崔某家属赔偿了张某医疗等相关费用5 000元。2021年10月10日，被告人崔某因阻碍国家机关工作人员依法执行职务的行为被处以行政拘留八日，罚款200元；因酒后无证驾驶摩托车另行处罚。

法律规定

《中华人民共和国刑法》

第二百七十七条 【妨害公务罪】以暴力、威胁方法阻碍国家机关工作人员依法执行职务的，处三年以下有期徒刑、拘役、管制或者罚金。

以暴力、威胁方法阻碍全国人民代表大会和地方各级人民代表大会代表依法执行代表职务的，依照前款的规定处罚。

在自然灾害和突发事件中，以暴力、威胁方法阻碍红十字会工作人员依法履行职责的，依照第一款的规定处罚。

故意阻碍国家安全机关、公安机关依法执行国家安全工作任务，未使用暴力、威胁方法，造成严重后果的，依照第一款的规定处罚。

【袭警罪】暴力袭击正在依法执行职务的人民警察的，处三年以下有期徒刑、拘役或者管制；使用枪支、管制刀具，或者以驾驶机动车撞击等手段，严重危及其人身安全的，处三年以上七年以下有期徒刑。

◆ 案例 7【危害珍贵、濒危野生动物罪】

2022 年 2 月 27 日，白某在未取得野生动物运输许可手续的情况下，驾驶一辆小汽车，将 3 只画眉鸟分别用 3 只鸟笼装好放在汽车后排座位上，从贵州省出发，欲运往上海，在同年 3 月 16 日被查获。经鉴定，其非法运输的画眉鸟属国家二级保护野生动物。案发后，白某缴纳生态环境修复费 1.5 万元。

法院经审理认为，被告人白某非法运输 3 只国家二级保护野生动物画眉鸟，其行为构成危害珍贵、濒危野生动物罪。被告人白某认罪认罚，且具有坦白情节并积极缴纳生态环境修复费用，对其可以从轻处罚。法院遂依法判处被告人白某有期徒刑十个月，缓刑一年，并处罚金 1 万元。

法律规定

《中华人民共和国刑法》

第三百四十一条 　【危害珍贵、濒危野生动物罪】非法猎捕、杀害国家重点保护的珍贵、濒危野生动物的，或者非法收购、运输、出售国家重点保护的珍贵、濒危野生动物及其制品的，处五年以下有期徒刑或者拘役，并处罚金；情节严重的，处五年以上十年以下有期徒刑，并处罚金；情节特别严重的，处十年以上有期徒刑，并处罚金或者没收财产。

【非法狩猎罪】违反狩猎法规，在禁猎区、禁猎期或者使用禁用的工具、方法进行狩猎，破坏野生动物资源，情节严重的，处三年以下有期徒刑、拘役、管制或者罚金。

【非法猎捕、收购、运输、出售陆生野生动物罪】违反野生动物保护管理法规，以食用为目的非法猎捕、收购、运输、出售第一款规定以外的在野外环境自然生长繁殖的陆生野生动物，情节严重的，依照前款的规定处罚。

◆ 案例8【盗窃罪】

　　2022年2月至5月底，被告人崔某在某公司任食堂厨师期间，因不满公司拒绝其加薪的要求，多次以夹带的方式，盗窃该食堂的面条、腐竹、黑木耳、干辣椒及干米粉等物品，还多次爬窗进入公司礼品间，盗窃存放其中的白酒、红酒，并将盗得的物品藏匿于家中。此后，崔某离职。

　　2022年6月4日，被害单位因发现被盗而报案。2022年6月7日，民警将被告人崔某抓获，并在崔某家中搜查到被盗茅台、五粮液、四特等白酒共计59瓶，赤霞珠等红酒共计71瓶，面条150斤、干辣椒2.6斤、腐竹84.2斤、米粉18.4斤、黑木耳12.8斤。上述被查获的物品经扣押后已发还被害单位。经鉴定，上述被查获的物品价值共计74 910元。

案发后，被告人崔某的家属与被害单位协商并先行垫付赔偿保证金人民币 5 万元，取得了被害单位的谅解。

法院经审理认为，被告人崔某以非法占有为目的，窃取他人财物，数额巨大，其行为已构成盗窃罪。被告人崔某归案后能如实供述自己的犯罪事实且认罪认罚，可依法从轻、从宽处罚。被告人所盗财物已起赃并发还被害单位，其行为取得了被害单位谅解，可酌情从轻处罚。又因被告人崔某多次实施盗窃，可酌情从重处罚。据此，被告人崔某被判处有期徒刑三年，并处罚金 8 000 元。

法律规定

《中华人民共和国刑法》

第二百六十四条　【盗窃罪】盗窃公私财物，数额较大的，或者多次盗窃、入户盗窃、携带凶器盗窃、扒窃的，处三年以下有期徒刑、拘役或者管制，并处或者单处罚金；数额巨大或者有其他严重情节的，处三年以上十年以下有期徒刑，并处罚金；数额特别巨大或者有其他特别严重情节的，处十年以上有期徒刑或者无期徒刑，并处罚金或者没收财产。

《最高人民法院、最高人民检察院关于办理盗窃刑事案件适用法律若干问题的解释》

第一条　盗窃公私财物价值一千元至三千元以上、三万元至十万元以上、三十万元至五十万元以上的，应当分别认定为刑法第二百六十四条规定的"数额较大"、"数额巨大"、"数额特别巨大"。

◆ 案例9【招摇撞骗罪】

2020年11月，被害人崔某和其妻子白某因涉嫌诈骗罪，分别被公安机关网上追逃和取保候审。2020年12月，被告人赵某在菲律宾经胡某（在逃）认识崔某，互加微信好友后开始聊天。赵某自称曾经是某市公安局工作人员，可以帮助崔某解决涉嫌诈骗犯罪的案件，并以帮其解决案件、需要活动经费等各种理由，向其索要金钱。为了顺利解决自己的案子，崔某通过微信、支付宝及网上银行等方式多次向赵某提供的银行卡转账，共计55万元。

法院经审理认为，被告人赵某以非法占有为目的，伙同他人虚构事实骗取他人财物，其行为已构成招摇撞骗罪。综合被告人的犯罪事实、性质、情节、认罪悔罪态度，法院依法判处赵某有期徒刑十年，并处罚金 5 万元；并责令其将诈骗所得财物中尚未退赔的 18 万元，退赔给被害人。

法律规定

《中华人民共和国刑法》

第二百七十九条 【招摇撞骗罪】冒充国家机关工作人员招摇撞骗的，处三年以下有期徒刑、拘役、管制或者剥夺政治权利；情节严重的，处三年以上十年以下有期徒刑。

冒充人民警察招摇撞骗的，依照前款的规定从重处罚。

◆ 案例 10【容留他人吸毒罪】

2021 年 6 月至 10 月，被告人刘某在明知自己吸食的"电子烟"中含有合成大麻素类毒品的情况下，仍多次容留张某、徐某在家中吸食。经鉴定，张某、徐某的头发和尿液中均检出合成大麻素类毒品。刘某被民警查获归案后，如实供述了犯罪事实。

法院经审理认为，刘某吸食毒品的行为违反了《中华人民共和国治安管理处罚法》第七十二条的规定，由公安机关予以行政处罚，不构成刑事犯罪。被告人刘某多次容留他人吸食毒品，其行为已构成容留他人吸毒罪，依法应予惩处。鉴于被告人刘某到案后如实供述其主要犯罪事实，亦自愿认罪认罚，依法可以从轻处罚。综上，根据被告人刘某犯罪的事实、性质、情节和对社会的危害程度等，法院依法以容留他人吸毒罪判处被告人刘某有期徒刑八个月，并处罚金 5 000 元。

法律规定

《中华人民共和国刑法》

第三百五十四条 【容留他人吸毒罪】容留他人吸食、注射毒品的，处三年以下有期徒刑、拘役或者管制，并处罚金。

《中华人民共和国治安管理处罚法》

第七十二条 有下列行为之一的，处十日以上十五日以下拘留，可以并处二千元以下罚款；情节较轻的，处五日以下拘留或者五百元以下罚款：

（一）非法持有鸦片不满二百克、海洛因或者甲基苯丙胺不满十克或者其他少量毒品的；

（二）向他人提供毒品的；

（三）吸食、注射毒品的；

（四）胁迫、欺骗医务人员开具麻醉药品、精神药品的。

◆ 案例 11【诈骗罪】

2020 年 6 月，被告人周某因赌博欠下巨额赌债以及网贷等，无力偿还，遂产生了以做口罩生意为由骗取林某钱财用于还赌债的想法，便谎称自己有做口罩生意的途径，让林某与其合伙。2020 年 6 月 10 日至 2020 年 8 月，被告人周某虚构了投资口罩生意回款快、盈利高、支付货款、买家追加进货数量等理由，让林某转钱，林某先后向其转款 1 098 400 元。其间，为继续骗取被害人信任，周某前期陆续回款 170 400 元给林某。实际上，周某并未将 928 000 元用于投资口罩，而是用于赌博、偿还个人债务及个人消费。

2021 年 9 月，被害人林某报案，称被告人周某归还其 5 000 元后再未还款。2021 年 10 月 18 日，被告人周某被抓获归案。

法院经审理认为，被告人周某以非法占有为目的，虚构事实、隐瞒真相，骗取他人财物 928 000 元，数额特别巨大，其行为已构成诈骗罪。被告人周某归案后如实陈述自己的犯罪事实，属坦白，且自愿认罪认罚，依法可从轻处罚。为维护社会治安秩序，保护公民合法的私有财产不受侵犯，遂依法判处周某有期徒刑十一年，并处罚金 10 万元；责令被告人周某退赔被害人林某经济损失 923 000 元。

法律规定

《中华人民共和国刑法》

第二百六十六条　【诈骗罪】诈骗公私财物，数额较大的，处三年以下有期徒刑、拘役或者管制，并处或者单处罚金；数额巨大或者有其他严重情节的，处三年以上十年以下有期徒刑，并处罚金；数额特别巨大或者有其他特别严重情节的，处十年以上有期徒刑或者无期徒刑，并处罚金或者没收财产。本法另有规定的，依照规定。

◆ 案例 12【危险驾驶罪】

被告人钱某某在未取得道路危险货物运输从业人员从业资格的情况下，驾驶未取得道路危险货物运输许可的小型面包车，装载 7 桶无色透明液体燃料，从某地出发运至大学城，并停放在某小区车库入口处。执法机关接到举报后，在上述地点查获了涉案车辆及其装载的燃料。后经检测，查获的透明液体净重 1 279.85 千克，体积为 1 493 升。经鉴定，该无色透明液体属于危险化学品。法院依法对钱某某判处拘役二个月，缓刑二个月，并处罚金4 000 元。被告人钱某某当庭表示认罪服判，现该判决已生效。

法律规定

《中华人民共和国刑法》

第一百三十三条之一 【危险驾驶罪】在道路上驾驶机动车，有下列情形之一的，处拘役，并处罚金：

（一）追逐竞驶，情节恶劣的；

（二）醉酒驾驶机动车的；

（三）从事校车业务或者旅客运输，严重超过额定乘员载客，或者严重超过规定时速行驶的；

（四）违反危险化学品安全管理规定运输危险化学品，危及公共安全的。

机动车所有人、管理人对前款第三项、第四项行为负有直接责任的，依照前款的规定处罚。

有前两款行为，同时构成其他犯罪的，依照处罚较重的规定定罪处罚。

◆ 案例 13【故意损毁名胜古迹罪】

2017 年 4 月份左右，被告人张某、毛某、王某三人通过微信联系，约定前往三清山风景名胜区攀爬"巨蟒出山"岩柱体（又称"巨蟒峰"）。2017 年 4 月 15 日凌晨 4 时左右，张某、毛某、王某三人携带电钻、岩钉（即膨胀螺栓，不锈钢材质）、铁锤、绳索等工具到达巨蟒峰底部。被告人张某首先攀爬，毛某、王某在下面拉住绳索保护张某的安全。在攀爬过程中，张某在有危险的地方打岩钉，使用电钻在巨蟒峰岩体上钻孔，再用铁锤将岩钉打入孔内，用扳手拧紧，然后在岩钉上布绳索。张某通过这种方式于早上 6 时 49 分左右攀爬至巨蟒峰顶部。毛某一直跟在张某后面为张某拉绳索做保护，并沿着张某布好的绳索于早上 7 时左右攀爬至巨蟒峰顶部。在巨蟒峰顶部，张某将多余的工具给毛某，毛某顺着绳索下降，将多余的工具带回宾馆，随后又返回巨蟒峰，攀爬至巨蟒峰 10 多米处，被三清山管委会工作人员发现后劝下并被民警控制。在张某、毛某攀爬开始时，王某为张某拉绳索做保

护，之后王某回宾馆拿无人机，再返回巨蟒峰，沿着张某布好的绳索于早上 7 时 30 分左右攀爬至巨蟒峰顶部，在顶部使用无人机进行

拍摄。在工作人员劝说下，王某、张某先后于上午 9 时左右、9 时40 分左右下到巨蟒峰底部并被民警控制。经现场勘查，张某在巨蟒峰上打入岩钉 26 个。经专家论证，三名被告人的行为对巨蟒峰地质遗迹点造成了严重损毁。

法院判决：一、被告人张某犯故意损毁名胜古迹罪，判处有期徒刑一年，并处罚金 10 万元。二、被告人毛某犯故意损毁名胜古迹罪，判处有期徒刑六个月，缓刑一年，并处罚金 5 万元。三、被告人王某犯故意损毁名胜古迹罪，免予刑事处罚。四、对扣押在案的犯罪工具手机四部、无人机一台、对讲机二台、攀岩绳、铁锤、电钻、岩钉等予以没收处理。

法律规定

《中华人民共和国刑法》

第三百二十四条　【故意损毁文物罪】故意损毁国家保护的珍贵文物或者被确定为全国重点文物保护单位、省级文物保护单位的文物的，处三年以下有期徒刑或者拘役，并处或者单处罚金；情节严重的，处三年以上十年以下有期徒刑，并处罚金。

【故意损毁名胜古迹罪】故意损毁国家保护的名胜古迹，情节严重的，处五年以下有期徒刑或者拘役，并处或者单处罚金。

【过失损毁文物罪】过失损毁国家保护的珍贵文物或者被确定为全国重点文物保护单位、省级文物保护单位的文物，造成严重后果的，处三年以下有期徒刑或者拘役。

◆ 案例 14【寻衅滋事罪】

　　被告人谢某某因接种新冠肺炎疫苗未满 48 小时，暂不能做核酸检测，却执意纠缠医护人员进行核酸检测，与某县中医院医护人员发生冲突，110 巡警协调后将其带回家。次日，谢某某在喝了半杯散装白酒后，再次来到某县中医院做核酸检测，但拒绝按当时的规定缴纳 8 元检测费用，并向某县中医院院长、县卫健局、县防疫站进行投诉。因投诉无果，谢某某便来到某县中医院旁一私人楼房的楼顶，通过朝楼下扔鸡蛋、啤酒瓶、操作无人机拍摄视频的方式，扰乱公共秩序，危害公共安全。

　　法院经审理认为，被告人谢某某酒后在公共场所起哄闹事，造

成公共秩序严重混乱，其行为已构成寻衅滋事罪。根据被告人谢某某的犯罪事实及对社会的危害程度等，法院依法判处谢某某有期徒刑一年。

法律规定

《中华人民共和国刑法》

第二百九十三条　【寻衅滋事罪】有下列寻衅滋事行为之一，破坏社会秩序的，处五年以下有期徒刑、拘役或者管制：

（一）随意殴打他人，情节恶劣的；

（二）追逐、拦截、辱骂、恐吓他人，情节恶劣的；

（三）强拿硬要或者任意损毁、占用公私财物，情节严重的；

（四）在公共场所起哄闹事，造成公共场所秩序严重混乱的。

纠集他人多次实施前款行为，严重破坏社会秩序的，处五年以上十年以下有期徒刑，可以并处罚金。

◆ 案例 15【危害国家重点保护植物罪】

2020 年 12 月 17 日，被告人田某同李某、张某前往某县某乡某山场采挖冬笋。田某在山场发现了野生兰花，在未办理采集证的情况下，擅自使用随身携带的锄头采挖野生兰花 11 株，并带回家用 3 个花盆栽种，后被人发现并举报到某县林业局。2021 年 2 月 15 日，某县林业局将该案相关材料移送某县公安局。某县公安局立案侦查后，田某主动投案自首，如实供述了自己的罪行。经鉴定，田某采挖的野生兰花为春兰，属于国家二级保护野生植物。

法院经审理认为，被告人田某违反《中华人民共和国野生植物

保护条例》的规定，非法采挖属于国家二级保护野生植物的野生春兰，其行为已构成危害国家重点保护植物罪。鉴于被告人具有自首、自愿认罪认罚的情节且尚未造成春兰损毁，决定对其从轻处罚，法院遂判处被告人田某管制五个月，并处罚金1 000元，没收扣押在案的野生春兰11株。

法律规定

《中华人民共和国刑法》

第三百四十四条 【危害国家重点保护植物罪】违反国家规定，非法采伐、毁坏珍贵树木或者国家重点保护的其他植物的，或者非法收购、运输、加工、出售珍贵树木或者国家重点保护的其他植物及其制品的，处三年以下有期徒刑、拘役或者管制，并处罚金；情节严重的，处三年以上七年以下有期徒刑，并处罚金。

◆ 案例 16【以危险方法危害公共安全罪】

2021 年 8 月 15 日，被告人王某驾车与朋友孙某某、赵某等人在某区一餐馆就餐并饮酒。饭后，王某拒绝了孙某某于 22 时 35 分通过打车软件为其提供的打车服务。22 时 37 分许，王某醉酒驾驶车辆，与前方步行的被害人李某某相撞，造成李某某受伤。王某驾车继续向前行驶，于 22 时 38 分许与前方被害人高某某驾驶的小型轿车相撞，造成两车不同程度受损。王某又驾车驶离现场，继续向前行驶并右转。22 时 39 分许，王某驾车由北向南超速行驶，与前方顺行的被害人徐某驾驶的电动自行车相撞，造成徐某当场死亡、其车辆损坏。

经抽取王某静脉血检测，检出其血液中乙醇含量为 283.1 毫克 /100 毫升，达到醉酒驾驶标准。经交警部门勘察认定，被告人王某在上述三次交通事故中均承担全部责任。

法院经审理认为，被告人王某违反交通运输管理规定，在道路上醉酒驾驶机动车，共发生三次碰撞事故，造成一人当场死亡、一人受伤、三车不同程度受损的严重后果。王某对可能造成的严重危害公共安全的后果完全能够预见，却对危害后果持放任态度，未采取任何避免的措施，其行为符合《中华人民共和国刑法》关于以危险方法危害公共安全的犯罪构成要件，已构成以危险方法危害公共安全罪。依据本案具体情节，根据法律规定，法院遂以危险方法危害公共安全罪，判处王某有期徒刑十年。

法律规定

《中华人民共和国刑法》

第一百一十四条 【放火罪】【决水罪】【爆炸罪】【投放危险物质罪】【以危险方法危害公共安全罪】放火、决水、爆炸以及投放毒害性、放射性、传染病病原体等物质或者以其他危险方法危害公共安全，尚未造成严重后果的，处三年以上十年以下有期徒刑。

第一百一十五条 【放火罪】【决水罪】【爆炸罪】【投放危险物质罪】【以危险方法危害公共安全罪】放火、决水、爆炸以及投放毒害性、放射性、传染病病原体等物质或者以其他危险方法致人重伤、死亡或者使公私财产遭受重大损失的，处十年以上有期徒刑、无期徒刑或者死刑。

《最高人民法院关于醉酒驾车犯罪法律适用问题的意见》

刑法规定，醉酒的人犯罪，应当负刑事责任。行为人明知酒后驾车违法，醉酒驾车会危害公共安全，却无视法律醉酒驾车，特别是在肇事后继续驾车冲撞，造成重大伤亡，说明行为人主观上对持续发生的危害结果持放任态度，具有危害公共安全的故意。对此类醉酒驾车造成重大伤亡的，应依法以危险方法危害公共安全罪定罪。

◆ 案例 17【非法吸收公众存款罪】

被告人杨某系某文化投资有限公司的法定代表人，也是该公司的实际控制人。2015 年 6 月、2016 年 3 月，杨某在设立上海分公司和舟山定海分公司后，即以上述公司的名义，在未经金融等相关部门批准的情况下，组织人员通过打电话及发传单等方式公开宣传，以高息返利为诱饵，吸引被害人前往上述公司购买理财产品。杨某还开设素食馆，免费向公众提供餐食，并在公司内摆放佛像，营造自己潜心礼佛、常行善事的形象，借此骗取老年投资者的信任。

杨某宣称投资款将用于农林、影视、养老等项目，以与投资人签订个人出借咨询与服务协议等形式，向社会公众非法募集资金，集资款被其用于兑付投资人本息、公司运营、部分项目投资等。2017 年，杨某还注册成立了某养老服务有限公司，开办了某助老服务中心，声称将免费为老年人提供学习、娱乐、健身等服务，借此吸引投资者。后因资金链断裂，养老项目不了了之，农林、影视等项目也均烂尾。

截至 2018 年 11 月，杨某利用上述公司非法募集资金 1.58 亿余元，支付投资人本息合计 1.24 亿余元，未兑付 3 400 万余元。其中已报案投资人 120 余人，造成损失 1 600 万余元。120 余名报案投资人中有 108 人系老年人。

此外，2014年8月开始，杨某在明知虞某（已判刑）从事非法集资活动的情况下，仍以无息借款为由，向虞某提供资金账户以转移非法集资款。至2018年8月，杨某帮助虞某转移犯罪所得共计4 300万余元。其中，1 900万余元陆续又以还款之名交还虞某，其余款项则被杨某用于兑付投资人本息、公司运营等。

法院经审理认为，被告人杨某伙同他人违反国家金融管理法规，以高回报率为诱饵，向社会公众非法吸收资金，数额巨大，扰乱了金融秩序，其行为已构成非法吸收公众存款罪。被告人杨某明知是他人金融诈骗犯罪所得的财产，却为掩饰、隐瞒其来源和性质，提供资金账户，以借款的形式协助转移资金，其行为已构成洗钱罪。法院依法判处被告人杨某非法吸收公众存款罪、洗钱罪，数罪并罚判处有期徒刑六年，并处罚金270万元。

法律规定

《中华人民共和国刑法》

第一百七十六条 【非法吸收公众存款罪】非法吸收公众存款或者变相吸收公众存款，扰乱金融秩序的，处三年以下有期徒刑或者拘役，并处或者单处罚金；数额巨大或者有其他严重情节的，处三年以上十年以下有期徒刑，并处罚金；数额特别巨大或者有其他特别严重情节的，处十年以上有期徒刑，并处罚金。

单位犯前款罪的，对单位判处罚金，并对其直接负责的主管人员和其他直接责任人员，依照前款的规定处罚。

有前两款行为，在提起公诉前积极退赃退赔，减少损害结果发生的，可以从轻或者减轻处罚。

第一百九十一条　【洗钱罪】为掩饰、隐瞒毒品犯罪、黑社会性质的组织犯罪、恐怖活动犯罪、走私犯罪、贪污贿赂犯罪、破坏金融管理秩序犯罪、金融诈骗犯罪的所得及其产生的收益的来源和性质，有下列行为之一的，没收实施以上犯罪的所得及其产生的收益，处五年以下有期徒刑或者拘役，并处或者单处罚金；情节严重的，处五年以上十年以下有期徒刑，并处罚金：

（一）提供资金帐户的；

（二）将财产转换为现金、金融票据、有价证券的；

（三）通过转帐或者其他支付结算方式转移资金的；

（四）跨境转移资产的；

（五）以其他方法掩饰、隐瞒犯罪所得及其收益的来源和性质的。

单位犯前款罪的，对单位判处罚金，并对其直接负责的主管人员和其他直接责任人员，依照前款的规定处罚。

◆ 案例 18【重大责任事故罪】

被告人王某在实施高处维修作业过程中，违反有关安全管理的规定，违规使用汽吊吊运吊筐、起吊人员违规进行高处作业。作业人员未系安全绳、佩戴安全帽，汽吊吊运使用的副钩防脱钩装置脱槽失效，吊筐钢丝脱钩导致人员坠落至地面，因而造成两人死亡的重大伤亡事故，其行为已触犯《中华人民共和国刑法》，构成重大责任事故罪。被告人高某在负责实施高处维修作业过程中，违反有关安全管理的规定，违规使用汽吊吊运吊筐、起吊人员违规进行高处作业，因而造成两人死亡的重大伤亡事故，其行为已触犯《中华人民共和国刑法》，构成重大责任事故罪。

法院判决被告人王某构成重大责任事故罪，判处有期徒刑二年三个月，缓刑三年。被告人高某构成重大责任事故罪，判处有期徒刑二年三个月，缓刑三年。

法律规定

《中华人民共和国刑法》

第一百三十四条　【重大责任事故罪】在生产、作业中违反有关安全管理的规定，因而发生重大伤亡事故或者造成其他严重后果的，处三年以下有期徒刑或者拘役；情节特别恶劣的，处三年以上七年以下有期徒刑。

【强令、组织他人违章冒险作业罪】强令他人违章冒险作业，或者明知存在重大事故隐患而不排除，仍冒险组织作业，因而发生重大伤亡事故或者造成其他严重后果的，处五年以下有期徒刑或者拘役；情节特别恶劣的，处五年以上有期徒刑。

《最高人民法院、最高人民检察院关于办理危害生产安全刑事案件适用法律若干问题的解释》

第六条　实施刑法第一百三十二条、第一百三十四条第一款、第一百三十五条、第一百三十五条之一、第一百三十六条、第一百三十九条规定的行为，因而发生安全事故，具有下列情形之一的，应当认定为"造成严重后果"或者"发生重大伤亡事故或者造成其他严重后果"，对相关责任人员，处三年以下有期徒刑或者拘役：

（一）造成死亡一人以上，或者重伤三人以上的；

（二）造成直接经济损失一百万元以上的；

（三）其他造成严重后果或者重大安全事故的情形。

实施刑法第一百三十四条第二款规定的行为，因而发生安全事故，具有本条第一款规定情形的，应当认定为"发生重大伤亡事故或者造成其他严重后果"，对相关责任人员，处五年以下有期徒刑或者拘役。

实施刑法第一百三十七条规定的行为，因而发生安全事故，具有本条第一款规定情形的，应当认定为"造成重大安全事故"，对直接责任人员，处五年以下有期徒刑或者拘役，并处罚金。

实施刑法第一百三十八条规定的行为，因而发生安全事故，具有本条第一款第一项规定情形的，应当认定为"发生重大伤亡事故"，对直接责任人员，处三年以下有期徒刑或者拘役。

二、《中华人民共和国安全生产法》案例

◆ 案例 19【未建立安全风险分级管控制度及相应管控措施、未建立健全并落实生产安全事故隐患排查治理制度、未按照规定制定生产安全事故应急救援预案并定期组织演练】

执法人员在执法检查过程中发现，某公司抛光车间采用干式巷道式生产工艺进行作业时存在皮带轮未设置防护罩、打磨工人在作业工位抽烟情况严重、灭火器盖板缺失、消防栓箱体内功能被挪作他用、未见消防器材的点检卡、未见各类设施设备的操作规程说明、生产车间内的行车保险扣损坏、主要负责人和安管员均未持证上岗、储气罐

的使用年限已过期、未建立健全安全风险分级管控和隐患排查治理双重预防机制、未制订应急救援预案并且进行演练、未见其他安全生产台账资料等多条违法行为，予以立案调查。该单位违反了《中华人民共和国安全生产法》第四十一条第一款、第二款和第八十一条的规定，予以处罚：（1）对该单位未建立安全风险分级管控制度

或者未按照安全风险分级采取相应管控措施的违法行为，处以罚款 1.5 万元的行政处罚；（2）对该单位未建立健全并落实生产安全事故隐患排查治理制度的违法行为，处以罚款 1.5 万元的行政处罚；（3）对该单位未按照规定制定生产安全事故应急救援预案或者未定期组织演练的违法行为，处以罚款 1.5 万元的行政处罚。综上，对于该单位上述三项违法行为分别裁量、合并处罚，共计罚款4.5万元。

法律规定

《中华人民共和国安全生产法》

第四十一条　生产经营单位应当建立安全风险分级管控制度，按照安全风险分级采取相应的管控措施。

生产经营单位应当建立健全并落实生产安全事故隐患排查治理制度，采取技术、管理措施，及时发现并消除事故隐患。事故隐患排查治理情况应当如实记录，并通过职工大会或者职工代表大会、信息公示栏等方式向从业人员通报。其中，重大事故隐患排查治理情况应当及时向负有安全生产监督管理职责的部门和职工大会或者职工代表大会报告。

县级以上地方各级人民政府负有安全生产监督管理职责的部门应当将重大事故隐患纳入相关信息系统，建立健全重大事故隐患治理督办制度，督促生产经营单位消除重大事故隐患。

第八十一条　生产经营单位应当制定本单位生产安全事故应急救援预案，与所在地县级以上地方人民政府组织制定的生产安全事故应急救援预案相衔接，并定期组织演练。

◆ 案例20【未按"三同时"要求开工】

执法人员在检查过程中发现某公司未经审查许可擅自进行天然气管道铺设,当即下发《处理措施决定书》,责令该公司立即停止施工,按照《中华人民共和国安全生产法》第三十一条的规定要求开展"三同时"工作。安监局巡查时还发现,该公司擅自将封条解封继续施工,并将现场管道全部掩埋。

依据《中华人民共和国安全生产法》第九十九条第一款的规定,决定给予该公司罚款20万元的行政处罚。

法律规定

《中华人民共和国安全生产法》

第三十一条　生产经营单位新建、改建、扩建工程项目(以下统称建设项目）的安全设施，必须与主体工程同时设计、同时施工、同时投入生产和使用。安全设施投资应当纳入建设项目概算。

第九十九条 生产经营单位有下列行为之一的，责令限期改正，处五万元以下的罚款；逾期未改正的，处五万元以上二十万元以下的罚款，对其直接负责的主管人员和其他直接责任人员处一万元以上二万元以下的罚款；情节严重的，责令停产停业整顿；构成犯罪的，依照刑法有关规定追究刑事责任：

（一）未在有较大危险因素的生产经营场所和有关设施、设备上设置明显的安全警示标志的；

（二）安全设备的安装、使用、检测、改造和报废不符合国家标准或者行业标准的；

（三）未对安全设备进行经常性维护、保养和定期检测的；

（四）关闭、破坏直接关系生产安全的监控、报警、防护、救生设备、设施，或者篡改、隐瞒、销毁其相关数据、信息的；

（五）未为从业人员提供符合国家标准或者行业标准的劳动防护用品的；

（六）危险物品的容器、运输工具，以及涉及人身安全、危险性较大的海洋石油开采特种设备和矿山井下特种设备未经具有专业资质的机构检测、检验合格，取得安全使用证或者安全标志，投入使用的；

（七）使用应当淘汰的危及生产安全的工艺、设备的；

（八）餐饮等行业的生产经营单位使用燃气未安装可燃气体报警装置的。

◆ 案例 21【未对可燃气体报警器定期检测】

执法人员在对某工程塑料有限公司检查时发现，该公司 210 台可燃气体报警器于 2021 年 8 月 27 日检定到期，却未重新检测。该公司的行为违反了《中华人民共和国安全生产法》第三十六条第二款的规定，根据《中华人民共和国安全生产法》第九十九条第三项的规定，责令其限期整改，并拟处罚款 5 万元的行政处罚。

法律规定

《中华人民共和国安全生产法》

第三十六条 安全设备的设计、制造、安装、使用、检测、维修、改造和报废，应当符合国家标准或者行业标准。

生产经营单位必须对安全设备进行经常性维护、保养，并定期检测，保证正常运转。维护、保养、检测应当作好记录，并由有关人员签字。

生产经营单位不得关闭、破坏直接关系生产安全的监控、报警、防护、救生设备、设施，或者篡改、隐瞒、销毁其相关数据、信息。

餐饮等行业的生产经营单位使用燃气的，应当安装可燃气体报警装置，并保障其正常使用。

第九十九条 生产经营单位有下列行为之一的，责令限期改正，处五万元以下的罚款；逾期未改正的，处五万元以上二十万元以下的罚款，对其直接负责的主管人员和其他直接责任人员处一万元以上二万元以下的罚款；情节严重的，责令停产停业整顿；构成犯罪的，依照刑法有关规定追究刑事责任：

（一）未在有较大危险因素的生产经营场所和有关设施、设备上设置明显的安全警示标志的；

（二）安全设备的安装、使用、检测、改造和报废不符合国家标准或者行业标准的；

（三）未对安全设备进行经常性维护、保养和定期检测的；

（四）关闭、破坏直接关系生产安全的监控、报警、防护、救生设备、设施，或者篡改、隐瞒、销毁其相关数据、信息的；

（五）未为从业人员提供符合国家标准或者行业标准的劳动防护用品的；

（六）危险物品的容器、运输工具，以及涉及人身安全、危险性较大的海洋石油开采特种设备和矿山井下特种设备未经具有专业资质的机构检测、检验合格，取得安全使用证或者安全标志，投入使用的；

（七）使用应当淘汰的危及生产安全的工艺、设备的；

（八）餐饮等行业的生产经营单位使用燃气未安装可燃气体报警装置的。

◆ 案例 22【主要负责人未履行法定的安全生产管理职责】

　　执法人员以"三位一体"的执法模式对某公司开展执法检查时发现，该公司主要负责人未履行法定的安全生产管理职责，特种作业人员未经专门培训取得特种作业操作证上岗作业，安全设备的安装、使用、检测、改造和报废不符合国家标准或者行业标准且违反操作规程或者安全管理规定作业。该行为涉嫌违反《中华人民共和国安全生产法》第二十一条、第三十条、第三十六条和第五十七条的规定。根据《中华人民共和国安全生产法》的相关条款，对该公司拟处罚款 13.4 万元的行政处罚。

法律规定

《中华人民共和国安全生产法》

　　第二十一条　生产经营单位的主要负责人对本单位安全生产工作负有下列职责：

　　（一）建立健全并落实本单位全员安全生产责任制，加强安全生产标准化建设；

（二）组织制定并实施本单位安全生产规章制度和操作规程；

（三）组织制定并实施本单位安全生产教育和培训计划；

（四）保证本单位安全生产投入的有效实施；

（五）组织建立并落实安全风险分级管控和隐患排查治理双重预防工作机制，督促、检查本单位的安全生产工作，及时消除生产安全事故隐患；

（六）组织制定并实施本单位的生产安全事故应急救援预案；

（七）及时、如实报告生产安全事故。

第三十条 生产经营单位的特种作业人员必须按照国家有关规定经专门的安全作业培训，取得相应资格，方可上岗作业。

特种作业人员的范围由国务院应急管理部门会同国务院有关部门确定。

第三十六条 安全设备的设计、制造、安装、使用、检测、维修、改造和报废，应当符合国家标准或者行业标准。

生产经营单位必须对安全设备进行经常性维护、保养，并定期检测，保证正常运转。维护、保养、检测应当作好记录，并由有关人员签字。

生产经营单位不得关闭、破坏直接关系生产安全的监控、报警、防护、救生设备、设施，或者篡改、隐瞒、销毁其相关数据、信息。

餐饮等行业的生产经营单位使用燃气的，应当安装可燃气体报警装置，并保障其正常使用。

第五十七条 从业人员在作业过程中，应当严格落实岗位安全责任，遵守本单位的安全生产规章制度和操作规程，服从管理，正确佩戴和使用劳动防护用品。

◆ 案例 23【未按照规定配备兼职安全生产管理人员】

执法人员在对某机械厂进行执法检查时发现，该公司从业人员在 100 人以下，未按照规定配备兼职安全生产管理人员。该行为涉嫌违反《中华人民共和国安全生产法》第二十四条的规定。根据《中华人民共和国安全生产法》第九十七条第一项的规定，执法人员当即向该公司下达了《责令限期整改指令书》，并对违法行为立案查处，拟处罚款 1.9 万元。

法律规定

《中华人民共和国安全生产法》

第二十四条 矿山、金属冶炼、建筑施工、运输单位和危险物品的生产、经营、储存、装卸单位，应当设置安全生产管理机构或者配备专职安全生产管理人员。

前款规定以外的其他生产经营单位，从业人员超过一百人的，应当设置安全生产管理机构或者配备专职安全生产管理人员；从业人员在一百人以下的，应当配备专职或者兼职的安全生产管理人员。

第九十七条 生产经营单位有下列行为之一的，责令限期改正，处十万元以下的罚款；逾期未改正的，责令停产停业整顿，并处十万元以上二十万元以下的罚款，对其直接负责的主管人员和其他直接责任人员处二万元以上五万元以下的罚款：

（一）未按照规定设置安全生产管理机构或者配备安全生产管理人员、注册安全工程师的；

（二）危险物品的生产、经营、储存、装卸单位以及矿山、金属冶炼、建筑施工、运输单位的主要负责人和安全生产管理人员未按照规定经考核合格的；

（三）未按照规定对从业人员、被派遣劳动者、实习学生进行安全生产教育和培训，或者未按照规定如实告知有关的安全生产事项的；

（四）未如实记录安全生产教育和培训情况的；

（五）未将事故隐患排查治理情况如实记录或者未向从业人员通报的；

（六）未按照规定制定生产安全事故应急救援预案或者未定期组织演练的；

（七）特种作业人员未按照规定经专门的安全作业培训并取得相应资格，上岗作业的。

◆ 案例 24【未取得特种作业操作证】

执法人员在对某公司进行执法检查时发现，该公司生产车间现场施工人员在未取得焊接与热切割作业特种作业证的情况下，对料仓进行焊接作业。其行为涉嫌违反《中华人民共和国安全生产法》第三十条的规定。依据《中华人民共和国安全生产法》第九十七条第七项的规定，对其作出罚款 4 万元的行政处罚，并要求其在规定时间内积极完成相关整改工作。

法律规定

《中华人民共和国安全生产法》

第三十条 生产经营单位的特种作业人员必须按照国家有关规定经专门的安全作业培训，取得相应资格，方可上岗作业。

特种作业人员的范围由国务院应急管理部门会同国务院有关部

门确定。

第九十七条　生产经营单位有下列行为之一的，责令限期改正，处十万元以下的罚款；逾期未改正的，责令停产停业整顿，并处十万元以上二十万元以下的罚款，对其直接负责的主管人员和其他直接责任人员处二万元以上五万元以下的罚款：

（一）未按照规定设置安全生产管理机构或者配备安全生产管理人员、注册安全工程师的；

（二）危险物品的生产、经营、储存、装卸单位以及矿山、金属冶炼、建筑施工、运输单位的主要负责人和安全生产管理人员未按照规定经考核合格的；

（三）未按照规定对从业人员、被派遣劳动者、实习学生进行安全生产教育和培训，或者未按照规定如实告知有关的安全生产事项的；

（四）未如实记录安全生产教育和培训情况的；

（五）未将事故隐患排查治理情况如实记录或者未向从业人员通报的；

（六）未按照规定制定生产安全事故应急救援预案或者未定期组织演练的；

（七）特种作业人员未按照规定经专门的安全作业培训并取得相应资格，上岗作业的。

◆ 案例 25【未投保安全生产责任保险】

　　执法人员对高危行业矿山采掘企业进行执法检查时发现，某矿建有限公司和某建设有限公司两家企业均未按照国家规定投保安全生产责任保险。其行为涉嫌违反《中华人民共和国安全生产法》第五十一条第二款的规定。依据《中华人民共和国安全生产法》第一百零九条的规定，决定对两家公司各处10万元的顶格行政处罚。

法律规定

《中华人民共和国安全生产法》

　　第五十一条　生产经营单位必须依法参加工伤保险，为从业人员缴纳保险费。

　　国家鼓励生产经营单位投保安全生产责任保险；属于国家规定的高危行业、领域的生产经营单位，应当投保安全生产责任保险。具体范围和实施办法由国务院应急管理部门会同国务院财政部门、国务院保险监督管理机构和相关行业主管部门制定。

　　第一百零九条　高危行业、领域的生产经营单位未按照国家规定投保安全生产责任保险的，责令限期改正，处五万元以上十万元以下的罚款；逾期未改正的，处十万元以上二十万元以下的罚款。

◆ 案例 26【未和承包方签订安全生产管理协议】

　　执法人员在对某机械制造有限公司进行执法检查时发现，该公司将手动喷粉线新增隔墙施工业务发包给某铝合金门窗店，未签订专门的安全生产管理协议，且该公司无安全管理人员对该门窗店的施工作业安全进行协调管理。依据《中华人民共和国安全生产法》第四十九条第二款、第九十七条第七项等规定，对该公司的违法行为合并处罚 3.6 万元，并对相关问题限期进行改正。同时，依据《中华人民共和国安全生产法》第一百零三条第二款的规定，对安全管理人员处罚款 4 000 元的行政处罚。

法律规定

《中华人民共和国安全生产法》

第四十九条　生产经营单位不得将生产经营项目、场所、设备发包或者出租给不具备安全生产条件或者相应资质的单位或者个人。

生产经营项目、场所发包或者出租给其他单位的，生产经营单位应当与承包单位、承租单位签订专门的安全生产管理协议，或者在承包合同、租赁合同中约定各自的安全生产管理职责；生产经营单位对承包单位、承租单位的安全生产工作统一协调、管理，定期进行安全检查，发现安全问题的，应当及时督促整改。

矿山、金属冶炼建设项目和用于生产、储存、装卸危险物品的建设项目的施工单位应当加强对施工项目的安全管理，不得倒卖、出租、出借、挂靠或者以其他形式非法转让施工资质，不得将其承包的全部建设工程转包给第三人或者将其承包的全部建设工程支解以后以分包的名义分别转包给第三人，不得将工程分包给不具备相应资质条件的单位。

第九十七条　生产经营单位有下列行为之一的，责令限期改正，处十万元以下的罚款；逾期未改正的，责令停产停业整顿，并处十万元以上二十万元以下的罚款，对其直接负责的主管人员和其他直接责任人员处二万元以上五万元以下的罚款：

（一）未按照规定设置安全生产管理机构或者配备安全生产管

理人员、注册安全工程师的;

（二）危险物品的生产、经营、储存、装卸单位以及矿山、金属冶炼、建筑施工、运输单位的主要负责人和安全生产管理人员未按照规定经考核合格的;

（三）未按照规定对从业人员、被派遣劳动者、实习学生进行安全生产教育和培训，或者未按照规定如实告知有关的安全生产事项的;

（四）未如实记录安全生产教育和培训情况的;

（五）未将事故隐患排查治理情况如实记录或者未向从业人员通报的;

（六）未按照规定制定生产安全事故应急救援预案或者未定期组织演练的;

（七）特种作业人员未按照规定经专门的安全作业培训并取得相应资格，上岗作业的。

第一百零三条 生产经营单位将生产经营项目、场所、设备发包或者出租给不具备安全生产条件或者相应资质的单位或者个人的，责令限期改正，没收违法所得;违法所得十万元以上的，并处违法所得二倍以上五倍以下的罚款;没有违法所得或者违法所得不足十万元的，单处或者并处十万元以上二十万元以下的罚款;对其直接负责的主管人员和其他直接责任人员处一万元以上二万元以下的罚款;导致发生生产安全事故给他人造成损害的，与承包方、承租方承担连带赔偿责任。

生产经营单位未与承包单位、承租单位签订专门的安全生产管理协议或者未在承包合同、租赁合同中明确各自的安全生产管理职责，或者未对承包单位、承租单位的安全生产统一协调、管理的，责令限期改正，处五万元以下的罚款，对其直接负责的主管人员和其他直接责任人员处一万元以下的罚款；逾期未改正的，责令停产停业整顿。

矿山、金属冶炼建设项目和用于生产、储存、装卸危险物品的建设项目的施工单位未按照规定对施工项目进行安全管理的，责令限期改正，处十万元以下的罚款，对其直接负责的主管人员和其他直接责任人员处二万元以下的罚款；逾期未改正的，责令停产停业整顿。以上施工单位倒卖、出租、出借、挂靠或者以其他形式非法转让施工资质的，责令停产停业整顿，吊销资质证书，没收违法所得；违法所得十万元以上的，并处违法所得二倍以上五倍以下的罚款，没有违法所得或者违法所得不足十万元的，单处或者并处十万元以上二十万元以下的罚款；对其直接负责的主管人员和其他直接责任人员处五万元以上十万元以下的罚款；构成犯罪的，依照刑法有关规定追究刑事责任。

◆ 案例 27【未按照规定对从业人员进行安全生产教育和培训】

执法人员对某金属制品厂进行安全生产执法检查时发现，该企业未按照规定对 8 名从业人员进行安全生产教育和培训。依据《中华人民共和国安全生产法》第二十八条第一款和第九十七条第三项的规定，执法人员当即向该企业下达了《责令限期整改指令书》，责令该企业限期改正，并对其违法行为立案查处，拟处罚款 2 万元。

法律规定

《中华人民共和国安全生产法》

第二十八条 生产经营单位应当对从业人员进行安全生产教育和培训，保证从业人员具备必要的安全生产知识，熟悉有关的安全生产规章制度和安全操作规程，掌握本岗位的安全操作技能，了解事故应急处理措施，知悉自身在安全生产方面的权利和义务。未经安全生产教育和培训合格的从业人员，不得上岗作业。

生产经营单位使用被派遣劳动者的，应当将被派遣劳动者纳入本单位从业人员统一管理，对被派遣劳动者进行岗位安全操作规程和安全操作技能的教育和培训。劳务派遣单位应当对被派遣劳动者进行必要的安全生产教育和培训。

生产经营单位接收中等职业学校、高等学校学生实习的，应当对实习学生进行相应的安全生产教育和培训，提供必要的劳动防护用品。学校应当协助生产经营单位对实习学生进行安全生产教育和培训。

生产经营单位应当建立安全生产教育和培训档案，如实记录安全生产教育和培训的时间、内容、参加人员以及考核结果等情况。

第九十七条　生产经营单位有下列行为之一的，责令限期改正，处十万元以下的罚款；逾期未改正的，责令停产停业整顿，并处十万元以上二十万元以下的罚款，对其直接负责的主管人员和其他直接责任人员处二万元以上五万元以下的罚款：

（一）未按照规定设置安全生产管理机构或者配备安全生产管理人员、注册安全工程师的；

（二）危险物品的生产、经营、储存、装卸单位以及矿山、金属冶炼、建筑施工、运输单位的主要负责人和安全生产管理人员未按照规定经考核合格的；

（三）未按照规定对从业人员、被派遣劳动者、实习学生进行安全生产教育和培训，或者未按照规定如实告知有关的安全生产事项的；

（四）未如实记录安全生产教育和培训情况的；

（五）未将事故隐患排查治理情况如实记录或者未向从业人员通报的；

（六）未按照规定制定生产安全事故应急救援预案或者未定期组织演练的；

（七）特种作业人员未按照规定经专门的安全作业培训并取得相应资格，上岗作业的。

◆ 案例 28【未按照规定取得相应资格上岗作业、未建立安全风险分级管控制度、未将安全风险管控纳入年度安全生产教育培训计划且未组织实施】

　　某重工股份有限公司特种作业人员未按照规定经专门的安全作业培训并取得相应资格上岗作业、未建立安全风险分级管控制度、未将安全风险管控纳入年度安全生产教育培训计划且未组织实施，涉嫌违反《中华人民共和国安全生产法》第三十条和第四十一条的规定。根据《中华人民共和国安全生产法》的相关条款，拟对该公司处 6.2 万元左右的罚款。

法律规定

《中华人民共和国安全生产法》

　　第三十条　生产经营单位的特种作业人员必须按照国家有关规

定经专门的安全作业培训，取得相应资格，方可上岗作业。

特种作业人员的范围由国务院应急管理部门会同国务院有关部门确定。

第四十一条 生产经营单位应当建立安全风险分级管控制度，按照安全风险分级采取相应的管控措施。

生产经营单位应当建立健全并落实生产安全事故隐患排查治理制度，采取技术、管理措施，及时发现并消除事故隐患。事故隐患排查治理情况应当如实记录，并通过职工大会或者职工代表大会、信息公示栏等方式向从业人员通报。其中，重大事故隐患排查治理情况应当及时向负有安全生产监督管理职责的部门和职工大会或者职工代表大会报告。

县级以上地方各级人民政府负有安全生产监督管理职责的部门应当将重大事故隐患纳入相关信息系统，建立健全重大事故隐患治理督办制度，督促生产经营单位消除重大事故隐患。

◆ 案例 29【有较大危险因素的生产经营场所未设置明显安全警示标志】

执法人员在对某汽车机油泵厂开展执法检查时发现，该企业两个配电室均未设置明显安全警示标志，违反了《中华人民共和国安全生产法》第三十五条的规定。依据《中华人民共和国安全生产法》第九十九条的规定，现已对该企业立案查处。

法律规定

《中华人民共和国安全生产法》

第三十五条 生产经营单位应当在有较大危险因素的生产经营场所和有关设施、设备上，设置明显的安全警示标志。

第九十九条 生产经营单位有下列行为之一的，责令限期改正，处五万元以下的罚款；逾期未改正的，处五万元以上二十万元以下的罚款，对其直接负责的主管人员和其他直接责任人员处一万元以上二万元以下的罚款；情节严重的，责令停产停业整顿；构成犯罪的，依照刑法有关规定追究刑事责任：

（一）未在有较大危险因素的生产经营场所和有关设施、设备上设置明显的安全警示标志的；

（二）安全设备的安装、使用、检测、改造和报废不符合国家标准或者行业标准的；

（三）未对安全设备进行经常性维护、保养和定期检测的；

（四）关闭、破坏直接关系生产安全的监控、报警、防护、救生设备、设施，或者篡改、隐瞒、销毁其相关数据、信息的；

（五）未为从业人员提供符合国家标准或者行业标准的劳动防护用品的；

（六）危险物品的容器、运输工具，以及涉及人身安全、危险性较大的海洋石油开采特种设备和矿山井下特种设备未经具有专业资质的机构检测、检验合格，取得安全使用证或者安全标志，投入使用的；

（七）使用应当淘汰的危及生产安全的工艺、设备的；

（八）餐饮等行业的生产经营单位使用燃气未安装可燃气体报警装置的。

◆ 案例 30【未为从业人员提供符合标准的劳动防护用品】

执法人员对某果蔬食品有限公司进行执法检查时发现，该公司未为从业人员配备劳动防护用品，违反了《中华人民共和国安全生产法》第四十五条的规定。执法人员依据《中华人民共和国安全生产法》第九十九条的规定，现场下达了《责令限期整改指令书》，责令该公司限期改正，对该公司负责人和安全管理人员进行了批评教育，并对公司违法行为进行了立案调查，依法实施行政处罚。

法律规定

《中华人民共和国安全生产法》

第四十五条　生产经营单位必须为从业人员提供符合国家标准

或者行业标准的劳动防护用品，并监督、教育从业人员按照使用规则佩戴、使用。

第九十九条 生产经营单位有下列行为之一的，责令限期改正，处五万元以下的罚款；逾期未改正的，处五万元以上二十万元以下的罚款，对其直接负责的主管人员和其他直接责任人员处一万元以上二万元以下的罚款；情节严重的，责令停产停业整顿；构成犯罪的，依照刑法有关规定追究刑事责任：

（一）未在有较大危险因素的生产经营场所和有关设施、设备上设置明显的安全警示标志的；

（二）安全设备的安装、使用、检测、改造和报废不符合国家标准或者行业标准的；

（三）未对安全设备进行经常性维护、保养和定期检测的；

（四）关闭、破坏直接关系生产安全的监控、报警、防护、救生设备、设施，或者篡改、隐瞒、销毁其相关数据、信息的；

（五）未为从业人员提供符合国家标准或者行业标准的劳动防护用品的；

（六）危险物品的容器、运输工具，以及涉及人身安全、危险性较大的海洋石油开采特种设备和矿山井下特种设备未经具有专业资质的机构检测、检验合格，取得安全使用证或者安全标志，投入使用的；

（七）使用应当淘汰的危及生产安全的工艺、设备的；

（八）餐饮等行业的生产经营单位使用燃气未安装可燃气体报警装置的。

◆ 案例 31【未安装可燃气体报警装置】

某市应急管理局联合区公安分局、区住建局、区消防救援大队、区城管局、区商务局等部门开展了安全生产检查。在对某海鲜店检查的过程中，联合检查组发现该店厨房使用了燃气，但并未安装可燃气体报警装置。此行为违反了《中华人民共和国安全生产法》第三十六条的规定。区应急管理局执法人员当场下达了《责令整改指令书》。

法律规定

《中华人民共和国安全生产法》

第三十六条 安全设备的设计、制造、安装、使用、检测、维修、改造和报废，应当符合国家标准或者行业标准。

生产经营单位必须对安全设备进行经常性维护、保养，并定期检测，保证正常运转。维护、保养、检测应当作好记录，并由有关人员签字。

生产经营单位不得关闭、破坏直接关系生产安全的监控、报警、防护、救生设备、设施，或者篡改、隐瞒、销毁其相关数据、信息。

餐饮等行业的生产经营单位使用燃气的，应当安装可燃气体报警装置，并保障其正常使用。

◆ 案例 32【未对安全设备进行经常性维护】

执法人员在检查中发现，某工贸有限公司仓库内的安全设备未按要求进行维护、保养，也无定期检测记录。执法人员依据《中华人民共和国安全生产法》第九十九条第三项的规定，对其下达了《责令整改指令书》，责令其限期整改，对该公司涉嫌未对安全设备进行经常性维护的行为进行立案调查。

法律规定

《中华人民共和国安全生产法》

第九十九条　生产经营单位有下列行为之一的，责令限期改正，处五万元以下的罚款；逾期未改正的，处五万元以上二十万元以下的罚款，对其直接负责的主管人员和其他直接责任人员处一万元以上二万元以下的罚款；情节严重的，责令停产停业整顿；构成犯罪的，依照刑法有关规定追究刑事责任：

（一）未在有较大危险因素的生产经营场所和有关设施、设备上设置明显的安全警示标志的；

（二）安全设备的安装、使用、检测、改造和报废不符合国家标准或者行业标准的；

（三）未对安全设备进行经常性维护、保养和定期检测的；

（四）关闭、破坏直接关系生产安全的监控、报警、防护、救生设备、设施，或者篡改、隐瞒、销毁其相关数据、信息的；

（五）未为从业人员提供符合国家标准或者行业标准的劳动防护用品的；

（六）危险物品的容器、运输工具，以及涉及人身安全、危险性较大的海洋石油开采特种设备和矿山井下特种设备未经具有专业资质的机构检测、检验合格，取得安全使用证或者安全标志，投入使用的；

（七）使用应当淘汰的危及生产安全的工艺、设备的；

（八）餐饮等行业的生产经营单位使用燃气未安装可燃气体报警装置的。

三、《中华人民共和国消防法》案例

◆ 案例 33【消防设施瘫痪受处罚】

2021 年，某市消防大队对某小区进行消防监督检查时发现，该小区存在消防设施、器材未保持完好有效和消防控制室内自动消防系统操作人员未按规定持证上岗的问题。现场检查情况如下：（1）在水泵房将水泵控制柜设置为手动状态，现场按下"启动"按钮发现喷淋 2 号泵无法启动，还存在现场打开消防水泵电源控制柜却发现备用电源闸刀处于关闭状态等火灾隐患；（2）在消防控制室查看人员值班情况时，发现值班人员不足 2 人，且值班人员未持证上岗。

消防大队向建设该小区的某投资有限公司分别送达了关于消防设施、器材未保持完好有效和自动消防系统操作人员未按规定持证上岗违法行为的《行政处罚决定书》，对消防设施、器材未保持完好有效的违法行为给予罚款2.6万元的行政处罚；对自动消防系统操作人员未按规定持证上岗的违法行为给予罚款7 000元的行政处罚，共计罚款3.3万元。

法律规定

《中华人民共和国消防法》

第十六条　机关、团体、企业、事业等单位应当履行下列消防安全职责：

（一）落实消防安全责任制，制定本单位的消防安全制度、消防安全操作规程，制定灭火和应急疏散预案；

（二）按照国家标准、行业标准配置消防设施、器材，设置消防安全标志，并定期组织检验、维修，确保完好有效；

（三）对建筑消防设施每年至少进行一次全面检测，确保完好有效，检测记录应当完整准确，存档备查；

（四）保障疏散通道、安全出口、消防车通道畅通，保证防火防烟分区、防火间距符合消防技术标准；

（五）组织防火检查，及时消除火灾隐患；

（六）组织进行有针对性的消防演练；

（七）法律、法规规定的其他消防安全职责。

单位的主要负责人是本单位的消防安全责任人。

第六十条　单位违反本法规定，有下列行为之一的，责令改正，处五千元以上五万元以下罚款：

（一）消防设施、器材或者消防安全标志的配置、设置不符合国家标准、行业标准，或者未保持完好有效的；

（二）损坏、挪用或者擅自拆除、停用消防设施、器材的；

（三）占用、堵塞、封闭疏散通道、安全出口或者有其他妨碍安全疏散行为的；

（四）埋压、圈占、遮挡消火栓或者占用防火间距的；

（五）占用、堵塞、封闭消防车通道，妨碍消防车通行的；

（六）人员密集场所在门窗上设置影响逃生和灭火救援的障碍物的；

（七）对火灾隐患经消防救援机构通知后不及时采取措施消除的。

个人有前款第二项、第三项、第四项、第五项行为之一的，处警告或者五百元以下罚款。

有本条第一款第三项、第四项、第五项、第六项行为，经责令改正拒不改正的，强制执行，所需费用由违法行为人承担。

◆ 案例34【使用不合格消防产品逾期未改】

某酒店管理有限公司使用不合格消防产品逾期未改，违反了《中华人民共和国消防法》第二十四条第一款的规定，依据《中华人民共和国消防法》第六十五条第二款的规定，给予该单位罚款 5 000 元的行政处罚，给予该单位消防安全管理人罚款 500 元的行政处罚。

法律规定

《中华人民共和国消防法》

第二十四条　消防产品必须符合国家标准；没有国家标准的，必须符合行业标准。禁止生产、销售或者使用不合格的消防产品以及国家明令淘汰的消防产品。

依法实行强制性产品认证的消防产品，由具有法定资质的认证机构按照国家标准、行业标准的强制性要求认证合格后，方可生产、销售、使用。实行强制性产品认证的消防产品目录，由国务院产品质量监督部门会同国务院应急管理部门制定并公布。

新研制的尚未制定国家标准、行业标准的消防产品，应当按照国务院产品质量监督部门会同国务院应急管理部门规定的办法，经技术鉴定符合消防安全要求的，方可生产、销售、使用。

依照本条规定经强制性产品认证合格或者技术鉴定合格的消防产品，国务院应急管理部门应当予以公布。

第六十五条　违反本法规定，生产、销售不合格的消防产品或者国家明令淘汰的消防产品的，由产品质量监督部门或者工商行政管理部门依照《中华人民共和国产品质量法》的规定从重处罚。

人员密集场所使用不合格的消防产品或者国家明令淘汰的消防产品的，责令限期改正；逾期不改正的，处五千元以上五万元以下罚款，并对其直接负责的主管人员和其他直接责任人员处五百元以上二千元以下罚款；情节严重的，责令停产停业。

消防救援机构对于本条第二款规定的情形，除依法对使用者予以处罚外，应当将发现不合格的消防产品和国家明令淘汰的消防产品的情况通报产品质量监督部门、工商行政管理部门。产品质量监督部门、工商行政管理部门应当对生产者、销售者依法及时查处。

◆ **案例 35【违法开业受处罚】**

　　某市消防救援大队对某公司经营管理的商场进行检查时发现，该商场未经消防安全检查便擅自投入使用、营业，违反了《中华人民共和国消防法》第十五条第四款的规定。根据《中华人民共和国消防法》第五十八条第一款第四项的规定，消防救援大队给予当事人责令停止使用，并处罚款8万元的行政处罚。

法律规定

《中华人民共和国消防法》

　　第十五条　公众聚集场所投入使用、营业前消防安全检查实行告知承诺管理。公众聚集场所在投入使用、营业前，建设单位或者使用单位应当向场所所在地的县级以上地方人民政府消防救援机构申请消防安全检查，作出场所符合消防技术标准和管理规定的承诺，提交规定的材料，并对其承诺和材料的真实性负责。

消防救援机构对申请人提交的材料进行审查；申请材料齐全、符合法定形式的，应当予以许可。消防救援机构应当根据消防技术标准和管理规定，及时对作出承诺的公众聚集场所进行核查。

申请人选择不采用告知承诺方式办理的，消防救援机构应当自受理申请之日起十个工作日内，根据消防技术标准和管理规定，对该场所进行检查。经检查符合消防安全要求的，应当予以许可。

公众聚集场所未经消防救援机构许可的，不得投入使用、营业。消防安全检查的具体办法，由国务院应急管理部门制定。

第五十八条 违反本法规定，有下列行为之一的，由住房和城乡建设主管部门、消防救援机构按照各自职权责令停止施工、停止使用或者停产停业，并处三万元以上三十万元以下罚款：

（一）依法应当进行消防设计审查的建设工程，未经依法审查或者审查不合格，擅自施工的；

（二）依法应当进行消防验收的建设工程，未经消防验收或者消防验收不合格，擅自投入使用的；

（三）本法第十三条规定的其他建设工程验收后经依法抽查不合格，不停止使用的；

（四）公众聚集场所未经消防救援机构许可，擅自投入使用、营业的，或者经核查发现场所使用、营业情况与承诺内容不符的。

核查发现公众聚集场所使用、营业情况与承诺内容不符，经责令限期改正，逾期不整改或者整改后仍达不到要求的，依法撤销相应许可。

建设单位未依照本法规定在验收后报住房和城乡建设主管部门备案的，由住房和城乡建设主管部门责令改正，处五千元以下罚款。

◆ 案例 36【过失引起火灾受处罚】

　　某轮胎服务部发生火灾,消防救援人员到达现场后将明火扑灭。随后,消防救援大队对火灾事故进行调查。发现该服务部负责人并未将生产中所需要使用的溶剂油按要求储存,后因电气线路短路引燃引发火灾,造成约700平方米厂房和厂房南侧的家具厂木工板材烧损,无人员伤亡。因负责人过失引起火灾,公安机关根据《中华人民共和国消防法》第六十四条第二项的规定,给予该负责人行政拘留十日的处罚。

法律规定

《中华人民共和国消防法》

第六十四条　违反本法规定，有下列行为之一，尚不构成犯罪的，处十日以上十五日以下拘留，可以并处五百元以下罚款；情节较轻的，处警告或者五百元以下罚款：

（一）指使或者强令他人违反消防安全规定，冒险作业的；

（二）过失引起火灾的；

（三）在火灾发生后阻拦报警，或者负有报告职责的人员不及时报警的；

（四）扰乱火灾现场秩序，或者拒不执行火灾现场指挥员指挥，影响灭火救援的；

（五）故意破坏或者伪造火灾现场的；

（六）擅自拆封或者使用被消防救援机构查封的场所、部位的。

◆ 案例 37【擅自撕毁场所封条，法定代表人被拘留十日】

2020 年 5 月 18 日，某市消防救援大队对某健身馆"未经消防安全检查擅自投入使用、营业"的违法行为作出责令该场所停产停业的行政处罚。2020 年 6 月 11 日，消防救援大队对该场所进行复查时发现，该场所仍在继续营业。2020 年 6 月 12 日，消防救援大队对该场所下发《催告书》，要求健身馆在 6 月 13 日前自行停产停业。随后，消防救援大队对该场所"三停"履行情况进行核查，发现该场所仍未履行停产停业的决定。消防救援大队遂于 2020 年 6 月 22 日作出"关停健身馆营业场所"的《行政强制执行决定书》，并对该场所进行了查封。查封后，该场所法定代表人不但没有认真整改火灾隐患，反而擅自撕毁封条，照常营业。根据《中华人民共和国消防法》第六十四条第六项的规定，决定给予该健身馆的法定代表人行政拘留十日的行政处罚。

法律规定

《中华人民共和国消防法》

第六十四条　违反本法规定，有下列行为之一，尚不构成犯罪的，处十日以上十五日以下拘留，可以并处五百元以下罚款；情节较轻的，处警告或者五百元以下罚款：

（一）指使或者强令他人违反消防安全规定，冒险作业的；

（二）过失引起火灾的；

（三）在火灾发生后阻拦报警，或者负有报告职责的人员不及时报警的；

（四）扰乱火灾现场秩序，或者拒不执行火灾现场指挥员指挥，影响灭火救援的；

（五）故意破坏或者伪造火灾现场的；

（六）擅自拆封或者使用被消防救援机构查封的场所、部位的。

◆ 案例 38【过失引起火灾，当事人被拘留九日】

　　2020 年 10 月 23 日 13 时至 16 时许，当事人李某在未取得气割作业相关许可证的情况下，在某公司四楼违规进行气割作业。当日 20 时许，某公司四楼发生火灾，经调查认定，该场火灾为气割操作过程中金属熔融物遗留在可燃物内引发。根据《中华人民共和国消防法》第六十四条第二项和《公安机关办理行政案件程序规定》第一百五十九条第一款第四项的规定，因过失引起火灾，给予当事人李某行政拘留九日的处罚。

法律规定

《中华人民共和国消防法》

　　第六十四条　违反本法规定，有下列行为之一，尚不构成犯罪的，

处十日以上十五日以下拘留,可以并处五百元以下罚款;情节较轻的,处警告或者五百元以下罚款:

（一）指使或者强令他人违反消防安全规定,冒险作业的;

（二）过失引起火灾的;

（三）在火灾发生后阻拦报警,或者负有报告职责的人员不及时报警的;

（四）扰乱火灾现场秩序,或者拒不执行火灾现场指挥员指挥,影响灭火救援的;

（五）故意破坏或者伪造火灾现场的;

（六）擅自拆封或者使用被消防救援机构查封的场所、部位的。

《公安机关办理行政案件程序规定》

第一百五十九条 违法行为人有下列情形之一的,应当从轻、减轻处罚或者不予行政处罚:

（一）主动消除或者减轻违法行为危害后果,并取得被侵害人谅解的;

（二）受他人胁迫或者诱骗的;

（三）有立功表现的;

（四）主动投案,向公安机关如实陈述自己的违法行为的;

（五）其他依法应当从轻、减轻或者不予行政处罚的。

违法行为轻微并及时纠正,没有造成危害后果的,不予行政处罚。

盲人或者又聋又哑的人违反治安管理的,可以从轻、减轻或者不予行政处罚;醉酒的人违反治安管理的,应当给予处罚。

◆ 案例39【违反规定使用明火作业，当事人被拘留两日】

2020年11月16日上午9时许，当事人左某在未取得电焊作业相关许可证的情况下，在某汽修店内违规使用电焊机进行焊接作业，被当地消防监督检查人员发现。根据《中华人民共和国消防法》第二十一条、第六十三条第二项的规定，决定给予当事人左某行政拘留两日的处罚。

法律规定

《中华人民共和国消防法》

第二十一条　禁止在具有火灾、爆炸危险的场所吸烟、使用明火。

因施工等特殊情况需要使用明火作业的，应当按照规定事先办理审批手续，采取相应的消防安全措施；作业人员应当遵守消防安全规定。

进行电焊、气焊等具有火灾危险作业的人员和自动消防系统的操作人员，必须持证上岗，并遵守消防安全操作规程。

第六十三条　违反本法规定，有下列行为之一的，处警告或者五百元以下罚款；情节严重的，处五日以下拘留：

（一）违反消防安全规定进入生产、储存易燃易爆危险品场所的；

（二）违反规定使用明火作业或者在具有火灾、爆炸危险的场所吸烟、使用明火的。

◆ 案例 40【破坏火灾现场，拘留】

2017 年 8 月 20 日，深圳市某商铺发生一起火灾，消防人员立即赶赴现场扑救，拉起警戒线、张贴封条，公告群众不得擅自进入火灾现场。8 月 21 日上午，公安分局消防监督管理大队民警对火灾现场勘查时发现，现场警戒线、封条均已被人为破坏。经调查，刘某、曾某、吴某三人在火灾当晚擅自更换电线线路，故意破坏火灾现场。其行为涉嫌违反了《中华人民共和国消防法》第五十一条第二款的规定。根据《中华人民共和国消防法》第六十四条的有关规定，刘某涉嫌故意破坏火灾现场，被行政拘留十五日，曾某、吴某被行政拘留十日。

法律规定

《中华人民共和国消防法》

第五十一条 消防救援机构有权根据需要封闭火灾现场，负责调查火灾原因，统计火灾损失。

火灾扑灭后，发生火灾的单位和相关人员应当按照消防救援机构的要求保护现场，接受事故调查，如实提供与火灾有关的情况。

消防救援机构根据火灾现场勘验、调查情况和有关的检验、鉴定意见，及时制作火灾事故认定书，作为处理火灾事故的证据。

第六十四条 违反本法规定，有下列行为之一，尚不构成犯罪的，处十日以上十五日以下拘留，可以并处五百元以下罚款；情节较轻的，处警告或者五百元以下罚款：

（一）指使或者强令他人违反消防安全规定，冒险作业的；

（二）过失引起火灾的；

（三）在火灾发生后阻拦报警，或者负有报告职责的人员不及时报警的；

（四）扰乱火灾现场秩序，或者拒不执行火灾现场指挥员指挥，影响灭火救援的；

（五）故意破坏或者伪造火灾现场的；

（六）擅自拆封或者使用被消防救援机构查封的场所、部位的。

◆ 案例 41【乱抛烟头引起火灾，拘留】

2021 年 8 月 23 日，某派出所接到报警称，某小区一住户阳台上晾晒的棉被突然起火，所幸扑救及时，未造成重大损失。民警调取监控，很快确定了起火原因：一名男子在阳台抽烟，随后把烟头抛下，落在楼下住户晾晒的棉被上导致起火。抛烟头的男子因过失引起火灾，根据《中华人民共和国消防法》第六十四条第二项的规定，被警方依法处以行政拘留十日。

法律规定

《中华人民共和国消防法》

第六十四条 违反本法规定，有下列行为之一，尚不构成犯罪的，处十日以上十五日以下拘留，可以并处五百元以下罚款；情节较轻的，处警告或者五百元以下罚款：

（一）指使或者强令他人违反消防安全规定，冒险作业的；

（二）过失引起火灾的；

（三）在火灾发生后阻拦报警，或者负有报告职责的人员不及时报警的；

（四）扰乱火灾现场秩序，或者拒不执行火灾现场指挥员指挥，影响灭火救援的；

（五）故意破坏或者伪造火灾现场的；

（六）擅自拆封或者使用被消防救援机构查封的场所、部位的。

◆ 案例 42【擅自拆封，拘留】

2021 年 6 月 21 日，刘某所在的仓库因顶棚违规使用聚苯乙烯泡沫彩钢板搭建，不符合《建筑设计防火规范》，违反了《中华人民共和国消防法》第二十六条第一款的规定，且该库房内及公共区域内未设置室外消火栓系统和室内消火栓系统，不符合《建筑设计防火规范》。依据《中华人民共和国消防法》第五十四条的规定，通州区消防防火监督员对该仓库采取临时查封措施。查封过程中，防火监督员特地提醒仓库负责人刘某，在未经批准的情况下，擅自拆封、揭封、毁封等行为均属于违法行为，会对擅自拆封、揭封、毁封人员处以行政拘留处罚。然而 50 分钟后，当防火监督员再次路过该仓库时，发现库房大门上的封条不翼而飞，大门敞开，工人和运输车进进出出搬运着物资，繁忙的景象与库房被查封前一模一样。防火监督员随即通知属地派出所将刘某带走调查。公安机关依据《中华人民共和国消防法》第六十四条第六项、《中华人民共和国行政处罚法》第十六项的规定，决定给予刘某行政拘留十日的处罚。

法律规定

《中华人民共和国消防法》

第二十六条　建筑构件、建筑材料和室内装修、装饰材料的防火性能必须符合国家标准；没有国家标准的，必须符合行业标准。

人员密集场所室内装修、装饰，应当按照消防技术标准的要求，使用不燃、难燃材料。

第五十四条　消防救援机构在消防监督检查中发现火灾隐患的，应当通知有关单位或者个人立即采取措施消除隐患；不及时消除隐患可能严重威胁公共安全的，消防救援机构应当依照规定对危险部位或者场所采取临时查封措施。

第六十四条　违反本法规定，有下列行为之一，尚不构成犯罪的，处十日以上十五日以下拘留，可以并处五百元以下罚款；情节较轻的，处警告或者五百元以下罚款：

（一）指使或者强令他人违反消防安全规定，冒险作业的；

（二）过失引起火灾的；

（三）在火灾发生后阻拦报警，或者负有报告职责的人员不及时报警的；

（四）扰乱火灾现场秩序，或者拒不执行火灾现场指挥员指挥，影响灭火救援的；

（五）故意破坏或者伪造火灾现场的；

（六）擅自拆封或者使用被消防救援机构查封的场所、部位的。

四、《中华人民共和国道路交通安全法》案例

◆ 案例 43【无证驾驶】

　　2021 年 10 月 30 日 13 时 18 分，某县交通管理大队执勤民警在 G315 线 400 公里 50 米处查处交通违法行为时，对一辆小型汽车拦停进行例行检查，驾驶员许某某未取得驾驶证驾驶机动车上路的违法行为，被民警当场查获。根据《中华人民共和国道路交通安全法》第九十九条第一款第一项、第二款的规定，法院对许某某未取得驾驶证驾驶机动车的违法行为，给予罚款 1 200 元的行政处罚。

法律规定

《中华人民共和国道路交通安全法》

第九十九条 有下列行为之一的，由公安机关交通管理部门处二百元以上二千元以下罚款：

（一）未取得机动车驾驶证、机动车驾驶证被吊销或者机动车驾驶证被暂扣期间驾驶机动车的；

（二）将机动车交由未取得机动车驾驶证或者机动车驾驶证被吊销、暂扣的人驾驶的；

（三）造成交通事故后逃逸，尚不构成犯罪的；

（四）机动车行驶超过规定时速百分之五十的；

（五）强迫机动车驾驶人违反道路交通安全法律、法规和机动车安全驾驶要求驾驶机动车，造成交通事故，尚不构成犯罪的；

（六）违反交通管制的规定强行通行，不听劝阻的；

（七）故意损毁、移动、涂改交通设施，造成危害后果，尚不构成犯罪的；

（八）非法拦截、扣留机动车辆，不听劝阻，造成交通严重阻塞或者较大财产损失的。

行为人有前款第二项、第四项情形之一的，可以并处吊销机动车驾驶证；有第一项、第三项、第五项至第八项情形之一的，可以并处十五日以下拘留。

◆ 案例 44【醉酒后驾车超速】

2021 年 8 月 27 日 20 时 37 分，刘某醉酒后驾驶小型客车由西往东行驶，驶至某路段时撞到前方步行的行人孙某，造成孙某受伤、车辆受损的道路交通事故。孙某经某市人民医院抢救无效，于 2021 年 8 月 28 日死亡。

法院经审理认为，刘某醉酒后驾驶机动车超过限速标志标明的最高时速行驶，驶至施工路段时未降低行驶速度且观察疏忽，其行为违反了《中华人民共和国道路交通安全法》第二十二条、第四十二条及《中华人民共和国道路交通安全法实施条例》第八十四条的规定，是造成本起道路交通事故的根本原因。刘某承担本起道路交通事故的全部责任。

法律规定

《中华人民共和国道路交通安全法》

第二十二条　机动车驾驶人应当遵守道路交通安全法律、法规的规定，按照操作规范安全驾驶、文明驾驶。

饮酒、服用国家管制的精神药品或者麻醉药品，或者患有妨碍安全驾驶机动车的疾病，或者过度疲劳影响安全驾驶的，不得驾驶机动车。

任何人不得强迫、指使、纵容驾驶人违反道路交通安全法律、法规和机动车安全驾驶要求驾驶机动车。

第四十二条　机动车上道路行驶，不得超过限速标志标明的最高时速。在没有限速标志的路段，应当保持安全车速。

夜间行驶或者在容易发生危险的路段行驶，以及遇有沙尘、冰雹、雨、雪、雾、结冰等气象条件时，应当降低行驶速度。

《中华人民共和国道路交通安全法实施条例》

第八十四条　机动车通过施工作业路段时，应当注意警示标志，减速行驶。

◆ 案例 45【仗着酒量大，酒后开车】

2021 年 7 月的一天，被告人张某约上三五好友，在朋友家中小聚，其间喝下了好几瓶啤酒。当日 20 时许，张某与好友告别，准备自行开车回家并夸下海口："我的酒量好着呢，这几瓶啤酒才到哪，再说了我都拿驾驶证多少年了，没出过啥事，也算是老司机。"说罢，张某便驾着上牌多年的二轮摩托车离开了。

当日，公安局设卡夜查酒驾，在对路过的机动车辆例行检查时，执勤民警发现张某有酒驾嫌疑。经呼气酒精测试，张某血液中的乙醇含量检验结果为 91 毫克 /100 毫升。侦查人员立即带其至医院抽血送检，经鉴定，张某血液中乙醇含量为 99 毫克 /100 毫升。

　　法院经审理认为，被告人张某醉酒后在道路上驾驶机动车，其行为已构成危险驾驶罪，应予惩处。归案后，被告人张某能如实供述自己的罪行，且认罪认罚，可从轻、从宽处理。综上，法院作出一审判决，依法判处被告人张某犯危险驾驶罪，判处拘役一个月，缓刑二个月，并处罚金 2 000 元。

法律规定

《中华人民共和国刑法》

　　第一百三十三条之一　【危险驾驶罪】在道路上驾驶机动车，有下列情形之一的，处拘役，并处罚金：

　　（一）追逐竞驶，情节恶劣的；

　　（二）醉酒驾驶机动车的；

　　（三）从事校车业务或者旅客运输，严重超过额定乘员载客，或者严重超过规定时速行驶的；

　　（四）违反危险化学品安全管理规定运输危险化学品，危及公共安全的。

　　机动车所有人、管理人对前款第三项、第四项行为负有直接责任的，依照前款的规定处罚。

　　有前两款行为，同时构成其他犯罪的，依照处罚较重的规定定罪处罚。

◆ 案例 46【开斗气车】

2018 年 6 月 2 日，殷某驾车等待红绿灯时，与半挂车司机徐某发生了一些不愉快。在两车驶过红绿灯后，徐某突然向左打方向，将殷某驾驶的重型自卸货车别到了对向车道。为此，殷某和徐某二人将车停在路边，并下车争论。两人争执导致后方车辆大量积压，严重影响了正常通行。随后，在过路司机的劝阻下，两人才又上路行驶。但别车行为并未因此终止，反而愈演愈烈。徐某驾驶半挂车突然从非机动车道超车，然后立刻向左急打方向别车，导致殷某驾驶的重型自卸货车来不及刹车和躲避，撞上了道路中央的隔离护栏。其后，殷某打电话报警，徐某在驾驶车辆离开现场后于当天主动投案，并赔偿车辆修理费及隔离带损失 14 000 元。

根据《中华人民共和国刑法》第一百三十三条之一第一款第一项的规定，法院判决被告人徐某、殷某犯危险驾驶罪，二人均被判处拘役一个月十五日，并处罚金 1 000 元。

法律规定

《中华人民共和国刑法》

第一百三十三条之一 【危险驾驶罪】在道路上驾驶机动车，有下列情形之一的，处拘役，并处罚金：

（一）追逐竞驶，情节恶劣的；

（二）醉酒驾驶机动车的；

（三）从事校车业务或者旅客运输，严重超过额定乘员载客，或者严重超过规定时速行驶的；

（四）违反危险化学品安全管理规定运输危险化学品，危及公共安全的。

机动车所有人、管理人对前款第三项、第四项行为负有直接责任的，依照前款的规定处罚。

有前两款行为，同时构成其他犯罪的，依照处罚较重的规定定罪处罚。

◆ 案例 47【严重超载】

2021 年 6 月 5 日中午，董某驾驶自己的小客车沿途搭载公司员工。警方接到举报后，赶往现场查处，发现狭窄的客车车厢内满满当当地挤了 18 个人，超载率高达 157%。根据《中华人民共和国刑法》第一百三十三条之一第一款第三项的规定，道路上驾驶机动车，从事校车业务或者旅客运输，严重超过额定乘员载客，或者严重超过规定时速行驶的，构成危险驾驶罪。鉴于其具有如实供述、认罪认罚等从轻处罚的量刑情节，法院判处被告人董某拘役二个月，并处罚金 2 000 元。

法律规定

《中华人民共和国刑法》

第一百三十三条之一　【危险驾驶罪】在道路上驾驶机动车，有下列情形之一的，处拘役，并处罚金：

（一）追逐竞驶，情节恶劣的；

（二）醉酒驾驶机动车的；

（三）从事校车业务或者旅客运输，严重超过额定乘员载客，或者严重超过规定时速行驶的；

（四）违反危险化学品安全管理规定运输危险化学品，危及公共安全的。

机动车所有人、管理人对前款第三项、第四项行为负有直接责任的，依照前款的规定处罚。

有前两款行为，同时构成其他犯罪的，依照处罚较重的规定定罪处罚。

◆ 案例 48【肇事逃逸】

2022 年 1 月 4 日 19 时 33 分许，一辆小型客车与对向驶来的一辆无号牌三轮汽车发生碰撞，造成两车受损，三轮汽车驾驶人申某某当场死亡。事故发生后，小型客车驾驶人陈某某肇事逃逸，于 2022 年 1 月 5 日被公安机关抓获。陈某某驾车发生交通事故后，未立即报警且肇事逃逸，在此次事故中负主要责任。同时，陈某某的行为涉嫌构成交通肇事罪，被判处三年有期徒刑。

法律规定

《中华人民共和国刑法》

第一百三十三条 【交通肇事罪】违反交通运输管理法规，因而发生重大事故，致人重伤、死亡或者使公私财产遭受重大损失的，处三年以下有期徒刑或者拘役；交通运输肇事后逃逸或者有其他特别恶劣情节的，处三年以上七年以下有期徒刑；因逃逸致人死亡的，处七年以上有期徒刑。

◆ 案例 49【危险驾驶】

2022 年 3 月 19 日 20 时许，被告人于某饮酒后驾驶"北京"牌小型轿车行驶至某市房山区某楼下时，车辆前部与苗某停放于此的"中华"牌小型轿车尾部相撞，致使"中华"牌小型轿车又与前方停放的"东南"牌小型普通客车尾部相撞，此后被告人于某驾驶车辆又与路西侧路灯杆相撞，造成三车损坏、路灯杆损坏。事故发生后，于某驾车离开现场，又返回事故地点。经检验，被告人于某血液中酒精含量为 207.5 毫克 /100 毫升，属于醉酒后驾驶机动车。经认定，被告人于某负事故全部责任。法院判决被告人于某犯危险驾驶罪，判处拘役二个月十五日，并处罚金 5 000 元。

法律规定

《中华人民共和国刑法》

第一百三十三条之一　【危险驾驶罪】在道路上驾驶机动车，有下列情形之一的，处拘役，并处罚金：

（一）追逐竞驶，情节恶劣的；

（二）醉酒驾驶机动车的；

（三）从事校车业务或者旅客运输，严重超过额定乘员载客，或者严重超过规定时速行驶的；

（四）违反危险化学品安全管理规定运输危险化学品，危及公共安全的。

机动车所有人、管理人对前款第三项、第四项行为负有直接责任的，依照前款的规定处罚。

有前两款行为，同时构成其他犯罪的，依照处罚较重的规定定罪处罚。

◆ **案例 50【未保持安全车距】**

　　2021 年 1 月 15 日，在北京市西城区二环主路某路段，赵某驾驶小型轿车由西向东行驶，追撞三辆小型轿车，造成车辆接触部位损坏，赵某受伤。西外交通大队出警对上述事故进行处理，经过调查事故现场，作出《道路交通事故认定书》，认定赵某有《北京市道路交通事故简易程序处理规定》第九条第十七项规定的过错违法行为，负事故全部责任。当日西外交通大队还认定赵某实施不与前车保持安全距离的违法行为适用上述规定，当场作出行政处罚决定，对赵某处以罚款 100 元。

法律规定

《北京市道路交通事故简易程序处理规定》

　　第九条　一方当事人有下列情形，另一方当事人无下列情形的，有下列情形的一方为全部责任；双方当事人均有下列情形的，为同等责任：

（一）车辆通过有交通信号灯控制的交叉路口，遇红灯亮时继续通行的；

（二）车辆通过有交通信号灯控制的交叉路口，遇放行信号时，未让先于本放行信号放行的车辆先行的；

（三）车辆遇绿灯亮时，转弯车辆未让被放行的直行车辆、行人先行的；

（四）车辆遇红灯亮时，右转弯车辆未让被放行的车辆、行人先行的；

（五）车辆遇绿灯亮时，相对方向行驶的右转弯机动车未让左转弯车辆先行的；

（六）车辆通过没有交通信号灯控制或者交通警察指挥的交叉路口时，未让交通标志、交通标线规定优先通行的一方先行的；

（七）车辆通过没有交通信号灯控制或者交通警察指挥且交通标志、标线未规定优先通行的交叉路口时，转弯的车辆未让直行的车辆先行的；

（八）车辆通过没有交通信号灯控制或者交通警察指挥且交通标志、标线未规定优先通行的交叉路口时，相对方向行驶的右转弯车辆未让左转弯车辆先行的；

（九）车辆通过没有交通信号灯控制或者交通警察指挥且交通标志、标线未规定优先通行的交叉路口时，未让右方道路的来车先行的；

（十）机动车通过没有交通信号灯、交通标志、交通标线或者交通警察指挥的交叉路口时，未让行人先行的；

（十一）进环形路口的机动车未让已在路口内环行或者出环形路口的机动车先行的；

（十二）车辆违反右侧通行规定的；

（十三）车辆碰撞依法暂停、停放的车辆的；

（十四）车辆未按照交通警察指挥通行的；

（十五）车辆在人行道或者行人通行范围内刮撞行人的；

（十六）车辆刮撞依法在人行横道内通行的行人的；

（十七）机动车追撞前方同车道行驶的机动车尾部的；

（十八）机动车溜车的；

（十九）机动车倒车时，与车后其它车辆、行人发生道路交通事故的；

（二十）机动车变更车道时，影响相关车道内行驶的机动车正常行驶的；

（二十一）左右两侧车道的机动车向同一车道变更时，左侧车道的机动车未让右侧车道的机动车先行的；

（二十二）机动车在设有主、辅路的道路上，进主路时未按规定让行的；

（二十三）机动车在设有主、辅路的道路上，辅路上行驶的机动车未按规定让出主路的机动车先行的；

（二十四）机动车超越前方同车道正在左转弯、掉头、超车的机动车的；

（二十五）机动车与对面驶来的机动车有会车可能时超车的；

（二十六）机动车行经铁路道口、交叉路口、窄桥、弯道、陡坡、隧道、人行横道时超车的；

（二十七）机动车在没有中心线或者同方向只有一条机动车道的道路上，从前车右侧超越的；

（二十八）机动车在设有禁止掉头标志、标线的地方以及在人行横道、桥梁、陡坡、隧道掉头的；

（二十九）机动车在没有禁止掉头标志、标线的地方掉头时，未让正常行驶车辆、行人先行的；

（三十）机动车进出或者穿越道路，未按规定让行的；

（三十一）机动车进出停车场或者道路停车泊位，妨碍其他车辆、行人正常通行的；

（三十二）机动车在没有中心隔离设施或者没有中心线的道路上会车时，有障碍的一方未让无障碍的一方先行的；但有障碍的一方已驶入障碍路段，无障碍一方未驶入时，无障碍一方未让有障碍的一方先行的；

（三十三）机动车在没有中心隔离设施或者没有中心线的道路上会车时，下坡车未让上坡车先行的；但下坡车已行至中途而上坡车未上坡时，上坡车未让下坡车先行的；

（三十四）机动车在没有中心隔离设施或者没有中心线的狭窄山路上会车时，靠山体的一方未让不靠山体的一方先行的；

（三十五）机动车违反禁令标志驶入单向行驶道路的；

（三十六）机动车驾驶人开关车门时造成道路交通事故的；

（三十七）机动车进入非机动车道或者非机动车通行范围内，刮撞非机动车的；

（三十八）机动车未避让遇障碍无法通行借用相邻机动车道通行的非机动车的；

（三十九）机动车行经没有交通信号的道路，遇行人横过时未按规定避让的；

（四十）非机动车在非机动车道超越同向行驶的非机动车发生道路交通事故的。

◆ 案例 51【超速驾驶】

2021 年 9 月 12 日 15 时许，李某驾驶小型轿车（搭乘庞某、梁某、赖某）沿某高速由西往东行驶至路口时，适遇曾某驾驶电动车（搭乘汪某）同方向行驶左转弯，小型轿车前部右侧随即与电动车左侧发生碰撞，造成曾某、汪某死亡及两车损坏的道路交通事故。

交警认定，李某超速行驶是造成事故的主要原因，承担事故的主要责任。曾某驾驶电动车在转弯时未让直行的车辆先行是造成事故的次要原因，承担事故的次要责任。在此次事故中，李某超速行驶的违法行为造成了曾某、汪某死亡的严重后果，涉嫌构成交通肇事罪，被刑事立案调查。

法律规定

《中华人民共和国道路交通安全法实施条例》

第四十四条 在道路同方向划有 2 条以上机动车道的，左侧为快速车道，右侧为慢速车道。在快速车道行驶的机动车应当按照快速车道规定的速度行驶，未达到快速车道规定的行驶速度的，应当在慢速车道行驶。摩托车应当在最右侧车道行驶。有交通标志标明行驶速度的，按照标明的行驶速度行驶。慢速车道内的机动车超越前车时，可以借用快速车道行驶。

在道路同方向划有 2 条以上机动车道的，变更车道的机动车不得影响相关车道内行驶的机动车的正常行驶。

第四十五条 机动车在道路上行驶不得超过限速标志、标线标明的速度。在没有限速标志、标线的道路上，机动车不得超过下列最高行驶速度：

（一）没有道路中心线的道路，城市道路为每小时 30 公里，公路为每小时 40 公里；

（二）同方向只有 1 条机动车道的道路，城市道路为每小时 50 公里，公路为每小时 70 公里。

《中华人民共和国刑法》

第一百三十三条 【交通肇事罪】违反交通运输管理法规，因而发生重大事故，致人重伤、死亡或者使公私财产遭受重大损失的，处三年以下有期徒刑或者拘役；交通运输肇事后逃逸或者有其他特别恶劣情节的，处三年以上七年以下有期徒刑；因逃逸致人死亡的，处七年以上有期徒刑。

◆ 案例 52【斑马线上不避让行人】

2021 年 8 月，湖南某市发生了一起斑马线上人车相撞的事故。两名行人正在通过斑马线时，黄某驾驶的一辆白色 SUV 丝毫没有减速避让，径直将两人撞倒在地，造成行人身上多处受伤。某交叉路口摩托车驾驶人郭某在左转临近斑马线时，没有注意观察，将绿灯时正常通过斑马线的行人朱某撞倒在地。

交警认定，在这两起交通事故中，小车驾驶人黄某和摩托车驾驶人郭某因行人正在通过人行横道时未停车让行造成事故，各自承担事故全部责任，并依法对两人分别处以罚款 200 元、驾驶证记 3 分。

法律规定

《中华人民共和国道路交通安全法实施条例》

第三十八条 机动车信号灯和非机动车信号灯表示：

（一）绿灯亮时，准许车辆通行，但转弯的车辆不得妨碍被放行的直行车辆、行人通行；

（二）黄灯亮时，已越过停止线的车辆可以继续通行；

（三）红灯亮时，禁止车辆通行。

在未设置非机动车信号灯和人行横道信号灯的路口，非机动车和行人应当按照机动车信号灯的表示通行。

红灯亮时，右转弯的车辆在不妨碍被放行的车辆、行人通行的情况下，可以通行。

第二部分

安全生产——事故教训篇

◆ 案例 53

2019 年 12 月 6 日，某电务段某车间某工区职工刘某、牛某在某线进行设备检查测试时，被晚点的 0G383 次动车组以 150 千米 / 时的速度碰撞，经 120 救护车到达事故现场确认，刘某、牛某已无生命体征，构成铁路交通一般 A 类（A1）事故。

事故教训

一是工长违反了《铁路电务安全规则》第 37 条"上道检查、检测、维修工作都必须在天窗时间内进行，未得到准许作业的命令前，所有作业人员不得进入桥面、隧道和路基地段栅栏范围内"的规定，在未得到准许作业命令，也没有向驻站防护员汇报的情况下，违章进入线路进行上线作业。二是现场防护员违反了《北京铁路局营业线电务人员上线作业安全防护管理细则》第十三条第八款"驻站防护员与现场防护员要保持 3～5 分钟联络一次，联系中断时，应立即采取其它通讯方式通知现场作业负责人组织作业人员停止作业，下道避车"的规定，整个作业过程都没有和驻站防护员联系，导致现场人员既不知道天窗延迟，也未掌握列车运行情况。三是现场防护员违反了《北京铁路局营业线电务人员上线作业安全防护管理细则》第十四条第四款"现场防护员与驻站防护员要保持 3～5 分钟联络一次，联系中断时，须立即组织上线人员下道，并告之作业负责人"的规定，既没有认真观察列车，也没有通知作业人员下道避车。四是现场防护员违反了《铁路电务安全规则》第 102 条"现场防护员应携带规定的防护用具，根据作业场所地形，应选择瞭望条件较好、位置醒目、不侵限、便于通知的安全处所进行防护"的规定，防护员站在道心防护，导致自己和作业人员一起被列车撞轧。

◆ 案例 54

2019 年 3 月 12 日，某供电段某供电车间某电力工区根据段制定的电力停电检修计划第 9 项内容 "某线某站—某站自闭线路二级修" 进行作业时，因 110 号电杆根部突然断裂倾倒，将在电杆上作业人员赵某砸伤，送医院抢救无效死亡。依据《铁路交通事故调查处理规则》第十三条，该事故构成铁路交通一般 B 类（B1）事故。

事故教训

作业指导书内容缺项，未列出既有运行电力线路上更换设备、金具缺少流程标准，对电杆缺失平衡拉力引起电杆晃动、倾倒的作业风险认知不到位。

◆ 案例 55

2020 年 1 月 23 日，某站一场峰顶丁班 1 调执行第 13 号调车作业计划。作业至第 2 钩，连结员魏某未在 125 号道岔尖轨相对处提开车钩，随即脚踏 125 号道岔转辙机箱、125–151DG 轨道变压器箱，紧跟推进运行的车列准备再次提钩时，不慎从轨道变压器箱顶面坠落，摔倒在第 21、22 位钩档间，左脚被第 22 位车辆第一轮对轧伤，后送往急救中心救治，构成铁路交通一般 B 类（B2）事故。

事故教训

驼峰解编作业时，连结员在车钩未提开的情况下，没有采取停车措施，而是违章脚踏轨道变压器箱二次提钩，违反了铁路调车作业基本制度。

◆ 案例 56

2019 年 11 月 16 日，某站执行第 102 号调车作业计划。东专用线挂 3 辆在站内 4 道运行时，2 号连结员董某从机车运行方向左侧车梯坠落下站台，右脚踝被机后第一位车辆第一轮对轧伤，后送往医院救治，构成铁路交通一般 B 类（B2）事故。

事故教训

事发时，调车组三人均在调车机走板上站立，调车长和 1 号连结员均未发现董某由走板上站到机车车梯上做下车准备工作，也未向其做出安全提示，班组间安全互控缺失。

◆ 案例 57

2021 年 3 月 23 日，某工务段在施工天窗点内某线隧道（全长 800.3 米，最大坡度 20.5 ‰）组织路外施工单位进行隧道拱顶漏水整治作业。钢轨上推运材料的四轮平车因防溜措施不当，在隧道内发生溜逸，撞上停留在线路上的 1 号四轮平车及 1 号四轮梯车，导致 3 辆平车继续快速溜逸，最终撞上整修配件的劳务工李某，造成其死亡，构成铁路交通一般 B 类（B1）事故。

事故教训

一是防溜措施未落实。隧道漏水整治工程施工技术组织及安全措施中明确要求"在线路 K83+000 处设置防溜枕木"，但该日施工给点后施工单位并没有第一时间设置防溜枕木。二是临时变更组织方式。施工单位在事故发生前的3月17日、19日封闭施工点内使用小车时，均安排每辆小车4人跟车推行，但在3月23日施工时，现场施工单位负责人临时变更了作业组织，擅自减少小车推运人员，在施工区段大下坡道只安排2人推运装载重物的四轮小车作业，违反了《北京局集团公司工务上线关键作业安全管理相关规定》（京工函〔2019〕27号）中"小车使用时必须有足够人员跟随，保证小车能随时撤出线路并防止溜逸"的规定，为事故的发生埋下了隐患。三是防溜器具起不到防溜作用。施工单位自制的防溜木楔角度为70°左右，远远超出了标准止轮器30°的规定，且楔形长度明显不足，不能保证小车车轮踏面与木楔有效密贴，存在溜逸隐患。四是现场作业管控不力。当日施工推行小车的2名作业人员未严格执行小车防止溜逸的措施，在采用简易木楔防溜后便远离了小车，导致小车溜逸。

◆ 案例 58

2019 年 10 月 9 日，京广线 X40073 次货物列车行至某站 3 道 K159+150 处时，撞上了侵入限界的某工务段某车间焊接工长王某，王某经抢救无效死亡，构成铁路交通一般 B 类（B1）事故。

事故教训

一是工长王某违反了《普速铁路工务安全规则》第 2.4.23 条"单轨小车、吊轨小车、推运工机料具的小平车应在封锁线路的情况下使用"的规定，违章指挥在某站 3 道使用小车推运机具，发现 X40073 次列车进入 3 道后处置不当，未及时下道避车。二是现场未设防护员，导致与驻站联络员联控不畅，现场作业防护失效，为事故的发生埋下隐患。三是本次作业由两个车间共同完成，但是两个车间没有联合编制作业方案，而是"单打独斗"，在联合作业中人员、机具、走行径路等方面存在沟通不畅的问题。

◆ 案例 59

2019 年 7 月 20 日，某动车客车段某车间丁二班职工闫某驾驶电动三轮车通过运用场 9 道平过道时，被由东向西顶送的 0K5282 次客车底前部第一辆车撞轧，导致死亡，构成铁路交通一般 B 类（B1）事故。

事故教训

一是该职工骑行电动三轮车通过平过道时，未执行"一站、二看、三指、四通过"制度，未停车确认平过道有无来车，违反了《铁路车辆安全管理规则》（铁总运〔2015〕304 号）七十二条"……横过线路和平过道时，注意了望机车、车辆，执行'一站、二看、三指、四通过'制度……"的规定。二是当日调车长检查平过道时发现陆续有汽车、电动三轮车和人员横越平过道，却仅对汽车进行了拦阻，未第一时间电台预警提示组内领车人员注意平过道安全，对通过平过道关键作业的安全意识不强、控制不力。

◆ 案例 60

2022 年 6 月 24 日，某线某站 4 调单机由三场 10 道迁回四场 14 道挂车作业，运行至四场 40113 号道岔处时，撞死了工务巡热作业人员骆某，构成铁路交通一般 B 类（B1）事故。

事故教训

一是工务作业人员骆某在某站四场超范围进行巡热作业，驻站联络员未确认现场作业人员实际位置，未盯控通报单机走行径路，现场防护员参与作业时未落实防护职责，防护体系失效是导致作业人员被单机撞轧死亡的直接原因。二是调车机司机、副司机间断瞭望，未发现运行径路上的作业人员，也未采取鸣笛、制动措施，是导致事故发生的另一直接原因。

◆ 案例 61

2022 年 5 月 27 日，施工单位在某线某站内对既有 3 站台进行站台改造Ⅲ级施工。9 时 14 分，51458 次运行至该站内，司机发现运行前方Ⅱ道线路内有施工人员侵限，立即采取紧急制动停车，构成铁路交通一般 D 类（D9）事故。

事故教训

一是施工单位作业人员破坏了该站 3 站台施工防护栏杆，穿越围栏侵入Ⅱ道限界，其中 1 名作业人员站在道心，被 51458 次司机发现后，采取紧急制动停车。二是现场安全防护人员带头违章，站在围栏外进行防护，发现作业人员侵限亦不制止，现场管理人员放任违章作业。

◆ 案例 62

2022 年 4 月 28 日，京沪线某次行至南仓上行出发场至北仓站间津山联络线时，因司机未输机车 LKJ 支线号被迫停车，构成铁路交通一般 D 类（D15）事故。

事故教训

一是基本作业制度未落实。接到车站"去 ×× 方向"的联控后，机班二人并未呼唤确认列车运行方向，LKJ 两次语音提示"输入支线号"后二人精力仍不集中，非操纵司机未提示司机对 LKJ 进行"支线选择"操作，互控作用缺失，违反了《铁路机车操作规则》（铁运〔2012〕281 号）第二十一条、《机务 LKJ 结构性非控制项点安全控制细化措施》（京机函〔2020〕12 号）第十六条的有关规定。

二是处置不当盲目运行。发现没有输入支线号后，机班未及时停车重新输入 LKJ 参数，在 LKJ 监控报警后被迫停于分相前，导致列车退行，延长了事故影响的时间。三是关键地点控制措施不到位。该站上行出发场为多方向，出站后有接触网分相，同时涉及 LKJ 支线、特殊发码信号解锁操作，未将该区段作为关键地点进行控制。

◆ 案例 63

2022 年 4 月 22 日，某工务段某线路车间某维修工区 7 名作业人员，利用天窗点外在某站 5 号道岔路肩处清理道床外观飞砟作业过程中，因使用的作业机具铁质石砟叉上卡住了石砟，习惯性地在钢轨上磕除叉子上的石砟时，刮碰道岔导曲线中部绝缘附近的钢轨，造成 1-5DG 轨道电路区段闪红光带，构成铁路交通一般 D 类（D9）事故。

事故教训

现场作业管理标准低，作业人员违章蛮干。现场带班人未针对当日点外在岔区进行整理石砟作业的情况，提出防止轨道封联的措施；作业人员在岔区作业叉子夹石砟后，习惯性地违章利用钢轨进行磕除，没有意识到当时作业区段正在岔区，存在搭接绝缘造成封联的风险。对封联轨道等风险缺乏认知，工区带班人未及时制止，车间也没有采取针对性的卡控措施。

◆ 案例 64

2022 年 2 月 8 日，某线某次客车到达某站折返某次。23 时 30 分，司机连挂机车后，发现没有列检作业人员连接制动软管；23 时 34 分，车站通知站检值班室；23 时 39 分，站检人员到达现场，23 时 48 分，作业完毕后开车，影响本列晚开 5 分钟，构成铁路交通一般 D 类（D10）事故。

事故教训

一是站检作业人员当班睡觉，接到值班员作业通知后仍未出场作业，值班员也未进行确认；二是列车尾部作业人员未联系上机后作业人员，后未再次联系也未向值班员反馈，多环节互控制度未落实，导致连挂机车后无站检人员连接制动软管。

◆ **案例 65**

2022 年 3 月 31 日，某线某站至某线路间因施工损伤电缆，导致上行线 0328G、0314G、0300G、0295G 闪红光带，延时 173 分钟，构成铁路交通一般 D 类（D9）事故。

事故教训

一是某电务段配合线路基础注浆加固施工时，电缆径路调查不细，施工地段电缆径路探挖存在漏洞，部分径路地段未进行探挖；向施工单位提供的电缆径路位置不准确，未掌握注浆作业地段的顺线路正下方的电缆，导致作业人员在道心内使用注浆机对深度 2 米左右范围内路基注浆时损伤了电缆。二是部分电缆径路变化后台账未修改，现场径路缺少标识，车间、工区对电缆径路走向埋设深度掌握不清，对废弃电缆未进行清理，存在误判风险，专业管理存在漏洞，违反了《普速铁路信号维护规则（技术标准）》"电缆径路埋设标识，并标明电缆走向、埋深字样"的要求。三是现场处置人员误判原因为站联电路故障，导致处置时间延误，在确认电缆故障后，未果断倒接备用电缆，处置程序混乱。

◆ 案例 66

2021 年 12 月 17 日，某站上行驼峰场 46084 次自动溜放过程中，第 3 钩 9 辆敞车溜放到 522 号分路道岔时，由于该道岔没有转换到位，处于四开状态，第一位车辆第一轮对脱轨，之后道岔转到反位，第一位车辆后轮对及后续 8 辆沿 522 号道岔反位继续走行。脱轨车辆走行 67.2 米，越过 524 号道岔，停于 2 道 85 号铁。2021 年 12 月 17 日 12 时 30 分，救援起复完毕；14 时 30 分，线路抢修完毕，影响了上行驼峰场 1 道至 11 道调车作业，构成铁路交通一般 D 类（D2）事故。

事故教训

522 号转辙机内（ZK4 型风动转辙机）自动换向阀风路水汽结冰，造成道岔内部风路不畅，以致道岔不能正常转换到位，控制系统发出恢复指令后，道岔也不能正常转换回到反位。在转换恢复过程中，溜放车辆压入道岔四开位置，导致车辆轮对脱轨。

◆ 案例 67

2021 年 12 月 5 日，某线某次货物列车 5 时 17 分通过某站，5 时 20 分 THDS 系统预报机后 17 位货车抱闸，岩会站 5 时 55 分停，经列检关门处理后，7 时 37 分开，影响本列运行，构成铁路交通一般 D 类（D10）事故。

事故教训

一是经分解发现车辆 120 型制动阀主活塞杆、滑阀及滑阀座间有水珠。5 日凌晨在石家庄西站二场停留期间内部结冰（外温 –2℃），造成制动阀无法正常缓解。二是某车辆段简略试验送车时，送车人员仅在单侧送车，未执行两侧送车要求，未发现机后 17 位车辆制动不缓解故障，违反了《铁路货车运用工作管理细则》（京铁辆〔2019〕52 号）的作业规定。

◆ 案例 68

2021 年 10 月 15 日，某站某机务段司机使用 HXD3D 型 0073 机车计划担当某次出库，单机转线越过关闭的 D12 信号机、挤坏第 28 号道岔，构成铁路交通一般 D 类（D3）事故。

事故教训

一是单机走行过程中，机班二人违反京铁机〔2018〕264 号调车作业"禁止闲谈"的规定，谈论担当交路相关情况。二是机班未执行逐架确认制度，途经的调车信号"看远、不看近"，误认已开放的其他调车径路的 D22 信号，盲目呼唤、手比，却不确认本径路的 D12 信号显示，也不确认道岔开通状态。三是该机班司机单独驾驶不足一年，每月担当某站交路只有两次，经验不足、站场设备不熟，未采取针对性的补强培训；车站联控提示"注意 D12 信号显示"，但司机不清楚调车信号机的具体位置，导致误认其他调车信号显示。

◆ 案例 69

2021 年 10 月 11 日，某线某次列车行至某站 K9+624 处时，因路基施工不当导致线路晃车，司机采取停车措施，构成铁路交通一般 D 类（D9）事故。

事故教训

一是路基注浆作业，施工人员在没有设备单位监护的情况下使用直径 600 毫米、管长 7 米的钢管自斜下方向对路基注浆。注浆作用部位越过预铺线路侵入既有下行线路基，导致路基随着注浆量和压力的增大上拱，造成线路高低、水平严重不良，列车通过时产生异常晃动。二是施工人员臆测行事，在不清楚施工作业影响范围的情况下，只顾盲目抢工期、赶进度，违反了工艺要求。

◆ 案例 70

2021 年 4 月 4 日，某线某次行至琉璃河 TVDS 探测站时，某车辆段动态检车员发现机后 6/7 位车档左侧车梯处有一名扒乘人员，便立即通知调度扣停列车。列车于 6 时 39 分停车，经车辆乘务员检查，未发现扒乘人员，6 时 54 分重新开行，影响本列运行，构成铁路交通一般 D 类（D10）事故。

事故教训

扒乘人持 2021 年 4 月 4 日 K158 车票，在某站候车室睡觉耽误了乘车。欲出站改签时，途经某站办公区至 24 站台屏蔽门处，车站内勤助理值班员发现后处置不当，擅自将其放入站台，经地下通道出站，并未进行管控。该人跳下站台后，扒乘邻线待开的某次列车。

◆ **案例 71**

2022 年 6 月 22 日,某线某站—某站间下行线 K79+880 隧道内,某段天窗点外作业人员使用钢尺测量曲线正矢过程中,钢尺掉落搭接钢轨,封连轨道电路导致红光带,影响货车 3 列,构成铁路交通一般 D 类(D10)事故。

事故教训

隧道内设备巡检作业擅自使用作业计划中未上报的 30 米钢尺测量曲线正矢。当接到下道避车通知时,两名作业人员未互相联系确定避车位置,在朝相反方向分别向右侧 1 号、左侧 2 号避车洞避车过程中,钢尺拉拽掉落在两股钢轨上,造成封连轨道电路。该段未吸取类似教训,对曾经钢尺联电事故反思整改不到位,未能从源头上消除隐患。

◆ 案例 72

2022 年 7 月 6 日，某线 23512 次货物列车因机后 46 位车辆人力制动机未松，致使某站进站时 THDS 系统预报该车疑似抱闸一级。列车在某站 8 道停车，列检处理后开车，耽误本列正常开行，构成铁路交通一般 D 类（D10）事故。

事故教训

地方公司调车作业中拧紧车辆人力制动机进行防溜后，未向某段某站车站值班员汇报。该站调车人员未履行防溜监督职责，未发现车辆人力制动机未松，导致列车在车辆人力制动机未松的情况下开车。存在专用线管理不严格、新规章培训学习不到位、调车长关键作业盯控不认真的现象。

◆ **案例 73**

2022 年 8 月 5 日，某线某站二场 6 道 12233 次本务机车在准备挂车过程中，轧过列检作业防护使用的脱轨器停车，造成脱轨器损坏，构成铁路交通一般 D 类（D7）事故。

事故教训

机车进入 6 道准备挂车过程中，机班人员没有确认脱轨器表示器显示和脱轨器状态，造成机车碰轧脱轨器。作业人员基本制度不落实、运行中闲谈中断瞭望、采取制动措施不当、行车组织存在缺陷为事故埋下隐患。该型脱轨器爬轨器对于低速运行的机车车辆脱轨防护功能不足。

◆ 案例 74

2022 年 6 月 4 日，某线某站二场至三场间交 2 线北侧，对应某线下行运行方向左侧 K40+180 距线路 30.9 米处的 70 米高铁塔，被大风刮倒压在线路上，造成该站轨道电路红光带，处置完毕共延时 2 小时 58 分钟，构成铁路交通一般 D 类（D21）事故。

事故教训

该铁塔距地面 3 米处个别固定螺栓锈蚀，强度不足。某段作为轨旁设备管理单位，设备管理存在漏洞，未将倾倒的铁塔纳入轨旁设备进行管理，不清楚产权单位，未建立台账，未有效落实监管责任，隐患排查整治不及时、不果断，整改组织不力，导致隐患未能及时消除。

◆ **案例 75** ....

2022 年 8 月 12 日，北京局 GSM-R 核心网接呼和浩特局、太原局、西安局反映调度台呼叫机车车次号失败，后续其他相关铁路局相继反映调度台通过车次号呼叫机车失败。原来 GSM-R 核心网信令转接点（STP）设备内部 MP11 信令处理板 0 侧出现故障，经电务部门处置后设备恢复正常，故障延时 3 小时 55 分钟，构成铁路交通一般 D 类（D21）事故。

事故教训

对支撑 GSM-R 网络正常运行的核心共用设备发生节点设备故障，异地冗余倒换机制失效后影响全路通信业务，给铁路运输秩序带来严重影响的风险研判不深入、认知不到位、措施不全面。设备超期使用，源头设计存在缺陷，应急处置存在差距，对此类重要核心设备的特性及底层数据日志不掌握，深层数据分析依赖厂家支持，处置经验不足，未能结合故障现象和设备特性进行全面研判，故障点判断不准确。

◆ **案例 76**

2022 年 5 月 25 日，某线某段某站值班员发现信号操作终端 1472G 闪红光带，S 信号机、XI 信号机、X3 信号机闪红灯，通知某段某信号工区检查，发现信号机械室组合架信号点灯电源保险跌落，闭合后故障现象消除。14 时 24 分，某站开放 XI 信号机出发信号，故障再次出现，电务人员再次检查确认为信号电源保险跌落，闭合后故障现象消除。后经逐一分段排查，确认故障原因为某站信号机械室内分线盘至室外上下行线 I、II 道信号机间电缆芯线混线，更换备用芯线后故障现象消除，故障延时 3 小时 43 分钟，构成铁路交通一般 D 类（D21）事故。

事故教训

现场处置人员业务素质低，对电路图纸分析不透彻，区分室内外故障不准确，反复在室内进行排查测试，浪费了大量的时间。段调度指挥中心应急指挥不到位，对电路图纸查看分析不仔细，未能及时发现 XIF 点灯电缆与 SIIF 点灯电缆在同一根电缆内，未能及时组织现场人员在分线盘甩开 XIF 点灯电缆进行确认。

◆ 案例 77 ....

2022 年 2 月 3 日，当 T369 次行至某线某站普速场至某站间下行线时，司机发现 2739 号通过信号机显示绿灯，机车信号显示红黄灯，遂采取常用制动停车。经电务部门处理后恢复行车，延时 2 小时 07 分钟，构成铁路交通一般交通 D 类（D21）事故。

事故教训

该站普速场机械室内 QZ1 第 2 层第 9 位"站联电压传感器"短路，造成机车信号接收低频码与地面 2739 信号机显示绿灯不一致。电务段现场处置人员对电路工作原理掌握不熟练，相互之间联系不畅，臆测故障原因为电缆不良，进行倒接后仍未恢复，盲目更换器材。电务段对处置过程和测试数据掌握不准确、应急指挥不力导致延误处置时间。

第三部分

案例警醒——分析启示篇

◆ **案例 78**

　　2019 年 7 月，某单位某青年职工下夜班后，与好友在某国际酒店四楼聚餐。酒后去卫生间时，该职工遇到了其现女友的前男友王某，由于酒劲上头，与王某发生了争吵，从卫生间回来后拿起了啤酒瓶打向王某的头部，导致王某流血过多，其同伴拨打了 120 急救电话将王某送至医院并报了警。警察把该职工带走后，他还不知道当时发生了什么。两个小时醒酒后，该职工认罪态度良好，表示当时冲动了并后悔莫及。受伤者王某的头部缝了三针，被定为轻伤。由于该职工认罪态度良好，某公安局给予其行政拘留五日的处罚。

法律视角分析

　　该青年职工的斗殴行为违反了《中华人民共和国治安管理处罚法》第四十三条"殴打他人的，或者故意伤害他人身体的，处五日以上十日以下拘留，并处二百元以上五百元以下罚款"的规定。作为党员，该青年职工的行为严重违反了党的纪律，依据《中国共产党纪律处分条例》第二十八条、第三十三条的规定，经段纪委会研究并报段党委会议批准，该青年职工受到了党内警告处分。

案例启示

　　作为青年职工，其组织纪律性不强、法律意识淡薄，未能在酒后控制好情绪，给自己带来了惨痛的教训，对其今后的工作和生活产生了很大影响。冲动一时，后悔一生；喝酒易误事，酗酒易伤人。

◆ 案例 79

　　某单位某青年职工，于 2014 年 6 月 4 日下午至 2014 年 6 月 5 日凌晨 5 时许，在某市某区聚钢宾馆内及百家乐园小区 13 号楼 205 房间内聚众赌博，被公安分局查获。

法律视角分析

　　作为一名党员，该青年职工参与聚众赌博，违反了《中华人民共和国治安管理处罚法》第七十条"以营利为目的，为赌博提供条件的，或者参与赌博赌资较大的，处五日以下拘留或者五百元以下罚款；情节严重的，处十日以上十五日以下拘留，并处五百元以上三千元以下罚款"的规定。最终，该青年职工被处以行政拘留十五日，并处罚款 2 000 元。

案例启示

　　该青年职工聚众赌博的行为违反了党纪党规。青年应培养高雅的兴趣爱好，切实通过高雅的兴趣爱好提升自己的内在修养，而不是任由一些低级的趣味把我们推向深渊。

◆ 案例 80

　　某单位一名青年职工，因与金伯爵商务酒店发生财务纠纷，分别于 2015 年 4 月 11 日 18 时许、2015 年 4 月 20 日 11 时许、2015 年 4 月 21 日 18 时许三次到金伯爵商务酒店干涉其正常经营，将餐厅及后厨的多种物品砸坏。经某价格认证中心认定，三次损坏物品价值共计人民币 11 277 元。该职工于 2015 年 6 月 28 日被某公安分局刑事拘留，同年 7 月 20 日，被某市公安分局取保候审。

法律视角分析

　　该青年职工打砸酒店的行为，违反了《中华人民共和国刑法》第二百七十五条"故意损毁公私财物，数额较大或者有其他严重情节的，处三年以下有期徒刑、拘役或者罚金；数额巨大或者有其他特别严重情节的，处三年以上七年以下有期徒刑"的规定。念其犯罪情节轻微且认罪态度较好，已积极赔偿了被害人的全部损失，取得了被害人的谅解，具有悔罪表现。因此，依据《中华人民共和国刑事诉讼法》第一百七十三条第二款的规定，决定对其不起诉。作为党员，该青年职工干涉金伯爵商务酒店正常经营，将餐厅及后厨的多种物品砸坏的行为，违反了党的纪律。在审理中，他积极配合组织调查，如实交代违法事实，愿意接受组织处理。依据《中国共产党纪律处分条例》第三十二条第一款及第十条第二款的规定，给予其党内严重警告处分。

案例启示

我们要运用法律武器维护自身的合法权益，不能运用暴力手段来发泄不满，这样不仅不能维护自身权益，还会受到法律的制裁。我们要知法、守法、用法，做守法好公民。

◆ 案例 81

（1）某单位青年职工马某，于 2017 年 12 月担任车间兼职汽车驾驶员期间，利用职务便利，使用车间汽车加油卡为私家车加油，累计 44.96 升，共计 304 元。2018 年 8 月纪委立案调查。

（2）某单位青年职工封某，于 2016 年 9 月担任车间兼职汽车驾驶员期间，利用职务便利，先后两次使用车间汽车加油卡为私家车加油，累计 40.88 升，共计 246.92 元。2018 年 8 月纪委立案调查。

法律视角分析

以上两名职工违规使用加油卡的行为，违反了《中华人民共和国刑法》第二百七十一条"公司、企业或者其他单位的工作人员，利用职务上的便利，将本单位财物非法占为己有，数额较大的，处三年以下有期徒刑或者拘役，并处罚金；数额巨大的，处三年以上十年以下有期徒刑，并处罚金；数额特别巨大的，处十年以上有期徒刑或者无期徒刑，并处罚金"的规定。两名职工最终被诫勉谈话，并收缴其违纪所得。

案例启示

千里之堤，毁于蚁穴。小贪不止，就会生长为大贪。职工只要立足岗位，做好本职工作，单位就会按劳付酬。因个人私心而窃取公有资产的行为，不仅会对职工自身产生恶劣影响，严重者还会给企业带来巨大损失。

◆ 案例 82

某单位青年职工余某，于 2019 年 4 月至 2021 年 1 月，在某赌球网站 App 进行赌球、时时彩等违法行为。

法律视角分析

该青年职工在网络赌博的行为，违反了《中华人民共和国治安管理处罚法》第七十条"以营利为目的，为赌博提供条件的，或者参与赌博赌资较大的，处五日以下拘留或者五百元以下罚款；情节严重的，处十日以上十五日以下拘留，并处五百元以上三千元以下罚款"的规定。最终被承德市公安局依法处以行政拘留十日，并处罚款 3 000 元，段纪委给予其党内警告处分。

案例启示

参与网络赌球赌博或者组织赌博的人，都有可能被判处三年以下有期徒刑并处罚金。不管是网上赌博还是现场赌博，都属于违法行为，不仅不能参与，更不能组织。青年职工一定要谨记"幸福是奋斗出来的"，不可投机取巧。

◆ **案例 83**

　　某单位青年职工李某，于 2019 年 4 月 12 日 23 时酒后驾驶车牌号为冀 A×××的小型汽车行驶至某市某区某地点时，被某市公安局交通管理局交警大队执勤民警查获。经法医鉴定中心鉴定，送检的李某静脉血液中检出乙醇成分，其含量为 107.76 毫克 /100 毫升。2019 年 8 月 27 日，某市公安分局以李某涉嫌危险驾驶罪为由，将其移送某市某区人民检察院审查起诉。

　　法律视角分析

　　该青年职工酒后驾驶的行为犯罪情节轻微，并未造成交通事故。其又系初犯，社会危害性较小，到案后认罪态度好，有悔罪表现。根据《中华人民共和国刑法》第二十七条的规定，可以免予刑事处罚。根据当地人民检察院不起诉决定书的决定，依据《中国共产党纪律处分条例》第三十一条和第十一条第二款、第三款的规定，其所在单位召开纪委会研究并报该单位党委会议批准，给予李某党内严重警告处分。依据《中国铁路北京局集团有限公司奖惩工作实施办法》（京铁劳〔2019〕198号）第十九条的规定，经党政联席会研究决定，给予李某记大过处分。

案例启示

酒驾、醉驾是年轻人最容易存在侥幸心理的行为，尤其是在高速行驶的汽车中，更容易发生意外。开车不喝酒，喝酒不开车。希望大家珍爱生命，远离酒驾。

◆ 案例 84

2020 年 1 月 31 日，某单位某青年职工醉酒后驾驶机动车。经某区人民检察院依法审查，当日 21 时 15 分许，该职工家中冰箱突然起火冒烟，因疫情打车不便，心存侥幸心理，遂决定冒险酒后驾车回家，驾驶小型轿车沿某市某区某大街由北向南行驶至与某大街交口附近时，被执勤民警路检查获。经某市司法鉴定中心鉴定，其案发时血液中乙醇含量为 96.3 毫克 /100 毫升。

法律视角分析

该青年职工的行为触犯了《中华人民共和国刑法》第一百三十三条之一第一款第二项的规定，但由于犯罪情节轻微，具有认罪认罚、坦白、初犯、悔罪、未造成其他损失或后果的情节，根据《中华人民共和国刑法》第三十七条的规定，不需要判处刑罚。2021年2月4日，人民检察院依据《中华人民共和国刑事诉讼法》第一百七十七条第二款的规定，对其作出了不起诉处理。该职工服从决定，未提起申诉。

案例启示

酒驾无大小，一旦发生意外，就会造成不可挽回的伤害。发生意外情况，我们要及时通过专业的渠道解决，心急可以理解，但不能用可能产生伤害的行为规避伤害，否则后果将不堪设想。

◆ 案例 85

　　某单位负责考试工作的青年职工肖某，在与培训机构打交道的过程中，一直觉得自己工作的付出没有得到应有的回报，这种落差感让他对工作有些心灰意冷。当某培训中心主管张某找到肖某帮忙让一些不符合考试资格的人通过审核，且每名考生会给他 200 元至 300 元的提成时，肖某动心了。在接下来的建造师考试、注册消防工程师考试等 9 次国家级专业技术资格考试的报名资格审核期间，肖某违反了相关规定，通过不正当手段确认了 3 800 余名不符合报名条件人员的考试资格，收受贿赂款共计人民币 49 万元。

法律视角分析

　　该名青年职工利用职务之便为他人办事、收受贿赂的行为，违反了《中华人民共和国刑法》第一百六十三条"公司、企业或者其他单位的工作人员，利用职务上的便利，索取他人财物或者非法收受他人财物，为他人谋取利益，数额较大的，处三年以下有

期徒刑或者拘役，并处以罚金；数额巨大或者有其他严重情节的，处三年以上十年以下有期徒刑，并处罚金；数额特别巨大或者有其他特别严重情节的，处十年以上有期徒刑或者无期徒刑，并处罚金。公司、企业或者其他单位的工作人员在经济往来中，利用职务上的便利，违反国家规定，收受各种名义的回扣、手续费，归个人所有的，依照前款的规定处罚"的规定。因其涉嫌受贿罪、滥用职权罪被该区监委留置，2018年7月被开除公职。2018年11月，肖某被该区人民法院判处有期徒刑四年，并处罚金20万元。

案例启示

肖某胆大妄为，法纪意识淡薄，受到了党纪国法的惩处。此外，该区人事考试中心的相关负责人未有效履行主体责任，监管缺失，对干部管理失职，导致干部队伍纪律涣散，人事考试资格审核制度以及钥匙盘管理制度在日常业务工作中无人遵循，密钥不密，失管失控，代价惨痛，教训深刻。

◆ 案例 86

某单位某青年职工于 2019 年 10 月 10 日，因琐事在单位一楼大厅砸烂意见箱，故意损坏公共财物。当地民警接到报案后立即赶到现场，该职工不听劝阻被民警强制传唤，此后仍然拒绝配合，甚至还用脚踢民警面部，致使民警左侧嘴角挫伤，上唇内侧黏膜缺失、出血，另外一名民警右手掌划伤。

法律视角分析

该青年职工故意损坏公共财物和袭警的行为，违反了《中华人民共和国刑法》第二百七十七条"以暴力、威胁方法阻碍国家机关工作人员依法执行职务的，处三年以下有期徒刑、拘役、管制或者罚金……暴力袭击正在依法执行职务的人民警察的，依照第一款的规定从重处罚"的规定。该青年职工涉嫌妨害公务罪被刑事拘留。

案例启示

个人诉求要通过合理渠道进行反映，一时冲动不仅会伤害自己，还会伤害他人。要用法律的武器保护自己，而不是用冲动的行为来发泄不满。

◆ 案例 87

　　某单位某青年职工，于 2019 年 7 月在 2257 次列车 9 号车厢内因座位问题与旅客发生争执。乘警到达现场后，对该职工进行劝说无效，该职工又与乘警发生肢体冲突，最终被交到车站派出所进行处理。

法律视角分析

　　该青年职工在列车上严重扰乱公共秩序的行为，违反了《中华人民共和国治安管理处罚法》第五十条"有下列行为之一的，处警告或者二百元以下罚款；情节严重的，处五日以上十日以下拘留，可以并处五百元以下罚款：（一）拒不执行人民政府在紧急状态情况下依法发布的决定、命令的；（二）阻碍国家机关工作人员依法执行职务的；（三）阻碍执行紧急任务的消防车、救护车、工程抢险车、警车等车辆通行的……"的规定。其受到行政拘留 14 日的处罚。根据《中国铁路北京局集团有限公司奖惩工作实施办法》（京铁劳〔2019〕198 号），给予该职工警告处分。

案例启示

　　作为铁路职工，更应该对外树立良好的铁路形象，遇到矛盾和问题要和平解决。在充分维护自身权益的同时，更要牢记个人身份，维护好企业形象。

◆ 案例 88

　　某单位职工杨某于 2017 年 2 月报警称：1 月 25 日在车间食堂吃过午饭后，他在回家途中出现了尿血、流鼻血等状况，被家人送往医院治疗，同时将其血样送往北京 307 医院检验。检查结果显示，杨某血样中含有溴敌隆。经查，杨某所在车间的其他两名同事也于 1 月 25 日在车间食堂吃饭后，出现了亚硝酸盐及溴敌隆中毒症状。警方在职工杨某宿舍提取的奶茶内和水杯上也发现了溴敌隆成份，职工郭某宿舍内提取的饮料瓶中发现溴敌隆饱和液，最终确定该单位职工郭某为犯罪嫌疑人。

××单位后厨

法律视角分析

　　该职工的投毒行为，违反了《中华人民共和国刑法》第一百一十四条"放火、决水、爆炸以及投放毒害性、放射性、传染病病原体等物质或者以其他危险方法危害公共安全，尚未造成严重后果的，处三年以上十年以下有期徒刑"的规定。鉴于犯罪嫌疑人是精神病人，免于刑事处罚。

案例启示

群居生活需要运用适当的方法处理人际关系。切不可为了发泄自己的不满情绪使用违法手段，危害他人性命。

◆ 案例 89

　　某单位青年职工成某在后勤单身公寓宿舍内，通过本人微博账号发布了一条内容为"我想把这地炸了"的微博，并标注地点为本人所在单位，扬言要实施爆炸行为，最终被某铁路公安处刑警支队抓获。

法律视角分析

　　成某在网络上散布不当言论，扰乱公共秩序的行为，违反了《中华人民共和国治安管理处罚法》第二十五条"有下列行为之一的，处五日以上十日以下拘留，可以并处五百元以下罚款；情节较轻的，处五日以下拘留或者五百元以下罚款：（一）散布谣言，谎报险情、疫情、警情或者以其他方法故意扰乱公共秩序的……"的规定。最终，成某被行政拘留 2 日，该职工所在单位给予其警告处分。

案例启示

　　良好的网络环境需要我们共同营造，在网络上也要谨言慎行，发表个人言论对安全和正常秩序造成威胁的，同样会受到法律的制裁。网络信息传播的速度快、范围广，容易产生较大负面影响，如不及时制止，将会造成严重后果。

◆ **案例** 90

某单位某青年职工于 2016 年至 2017 年间，在大量负债的情况下，隐瞒其不具备偿还能力的真相，以帮助他人通过火车司机

考试、父亲生病、买房、买车、开公司、高息借贷款等为由向其他职工借贷，涉及干部职工 40 人，涉案金额 498 万元。

法律视角分析

该青年职工以各种虚假信息和情况进行借贷的行为，违反了《中华人民共和国刑法》第二百六十六条"诈骗公私财物，数额较大的，处三年以下有期徒刑、拘役或者管制，并处或者单处罚金；数额巨大或者有其他严重情节的，处三年以上十年以下有期徒刑，并处罚金；数额特别巨大或者有其他特别严重情节的，处十年以上有期徒刑或者无期徒刑，并处罚金或者没收财产。本法另有规定的，依照规定"的规定。依法判定该职工犯诈骗罪，判处有期徒刑 13 年，剥夺政治权利三年，处罚金 13 万元，其所在单位与该职工解除劳动合同。

案例启示

不可投机取巧，不要试图通过自己的计谋来获取非法收入，即使存在负债，也要通过合法途径进行偿还。通过诈骗行为骗取金钱，不仅自己饱受牢狱之苦，还会损害他人利益。

◆ 案例 91

2018 年 2 月，石家庄铁路公安处接到报案，石太线上行 K79+900 ～ K80+220 处（西武庄 2 号隧道内）16 芯光缆和 19×4 干线电缆被盗割。经侦查，犯罪嫌疑人程某于 2 月 5 日被公安机关抓获。经过突击审讯，2 月 5 日 8 时，陆续将犯罪嫌疑人王某、程某 1（铁路职工）、程某 2、程某 3 抓获归案。

法律视角分析

程某等人的盗窃行为，违反了《中华人民共和国刑法》第二百六十四条"盗窃公私财产，数额较大的，或者多次盗窃、入户盗窃、携带凶器盗窃、扒窃的，处三年以下有期徒刑、拘役或者管制，并处或者单处罚金；数额巨大或者有其他严重情节的，处三年以上十年以下有期徒刑，并处罚金；数额特别巨大或者有其他特别严重情节的，处十年以上有期徒刑或者无期徒刑，并处罚金或者没收财产"的规定。最终，犯罪嫌疑人程某被拘役。

案例启示

维护铁路安全是公民应尽的义务。作为铁路职工，伙同路外人员盗割干线电缆，将对铁路安全运行造成巨大影响，危及旅客人身安全，后果不堪设想。

◆ 案例 92

2019 年 12 月，某单位一女职工开车撞伤一名男子，后经医院抢救无效死亡。经查，该女职工与受伤致死男性为亲属关系，二人当日因琐事发生矛盾，该女职工遂开车将其撞伤致死。

法律视角分析

该名女职工故意开车撞人的行为，违反了《中华人民共和国刑法》第二百三十二条"故意杀人的，处死刑、无期徒刑或者十年以上有期徒刑；情节较轻的，处三年以上十年以下有期徒刑"的规定。最终，该女职工被判处无期徒刑。

案例启示

家庭矛盾转化为犯罪行为的情况时有发生，因为琐事而引发犯罪冲动，实属不值。遇到矛盾不能解决时，要及时寻求第三方的调解，避免发生不可挽回的后果。

◆ 案例 93

2020 年 2 月，某单位职工在互联网上发布售卖口罩的虚假信息，被害人向该职工转账 492 696 元求购口罩，该职工收到钱款后用于网络赌博，最后全部输光。

法律视角分析

该职工利用售卖口罩的虚假信息诈骗的行为，违反了《中华人民共和国刑法》第二百六十六条"诈骗公私财物，数额较大的，处三年以下有期徒刑、拘役或者管制，并处或者单处罚金；数额巨大或者有其他严重情节的，处三年以上十年以下有期徒刑，并处罚金；数额特别巨大或者有其他特别严重情节的，处十年以上有期徒刑或者无期徒刑，并处罚金或者没收财产。本法另有规定的，依照规定"的规定。该职工犯诈骗罪，最终被判处有期徒刑八年，并处罚金 2 万元，该单位与其解除劳动合同。

案例启示

借疫情暴发之际发国难财，是绝对不能容忍的。诸如此类，有以次充好兜售不合格口罩的行为，是对公民生命安全的最大威胁，绝对不能姑息。赌博行为一旦沉迷将无法自拔，伤人伤己，下场惨痛。

◆ 案例 94

2015 年，某单位某职工在邯郸市某酒店房间和某小区参与开设赌场，以百家乐方式聚众赌博，并受雇于社会人员马某等人参与赌场经营，负责赌场的看管维护，被民警查处。

法律视角分析

该职工参与聚众赌博经营管理的行为，违反了《中华人民共和国治安管理处罚法》第七十条"以营利为目的，为赌博提供条件的，或者参与赌博赌资较大的，处五日以下拘留或者五百元以下罚款；情节严重的，处十日以上十五日以下拘留，并处五百元以上三千元以下罚款"的规定。因其犯罪情节轻微，公安机关给予批评教育。

案例启示

参与赌博或者参与赌博经营活动，都是违法犯罪行为。要正确认识组织赌博经营活动的实质，切莫混淆视听。

◆ 案例 95

2017 年 2 月，犯罪嫌疑人郜某在本单位一操作间内，因感情纠葛与被害人杨某发生矛盾，用绳子将杨某勒死后，将尸体抛至操作间的污水处理井内。2017 年 3 月 8 日，北京市公安局丰台分局刑侦支队民警将郜某抓获。

法律视角分析

犯罪嫌疑人的故意谋杀行为，违反了《中华人民共和国刑法》第二百三十二条"故意杀人的，处死刑、无期徒刑或者十年以上有期徒刑；情节较轻的，处三年以上十年以下有期徒刑"的规定。最终，该职工被判处无期徒刑。

案例启示

一时冲动是魔鬼，犯罪之后是后悔。解决矛盾纠纷有很多种方法，以暴力来解决是最无效的手段，有些时候坐下来好好说一说，调解一下，矛盾就会化解，若因一时冲动而引发冲突，将产生不可逆的严重后果。

◆ 案例 96

2019 年 7 月，根据匿名举报线索，民警发现刘某一行人员使用面包车盗窃单位机车柴油，并非法兜售给他人。经进一步调查，民警了解到自 2019 年 3 月份以来，嫌疑人刘某、肖某伙同机车司机柴某、贺某、宋某、张某及李某等人利用机车交接班停留的时机，多次盗窃机车上的 0 号柴油并销赃售卖到某处的犯罪事实。根据嫌疑人的微信转账记录，初步核算盗窃柴油共计 75 次，总量 41 020 升、涉案总价值 203 445 元。事后，刘某等人均主动向单位财务进行了退赔。

法律视角分析

路外人员刘某等人的犯罪情节轻微，根据《中华人民共和国刑事诉讼法》第一百七十七条"对于犯罪情节轻微，依照刑法规定不需要判处刑罚或者免除刑罚的，人民检察院可以作出不起诉决定"的规定，最终，刘某等 5 人免于起诉。

该机务段职工张某等人参与了职务侵占违法犯罪活动，但未构成犯罪。李某从职务侵占违法犯罪活动中收取好处费为刘某等人提供方便，且身为班组长负有管理责任，其行为违反了《中国铁路北京局集团有限公司奖惩工作实施办法》（京铁劳〔2019〕198 号）第二十一条"给国家、企业财产和人民生命造成严重损失，不适宜继续从事铁路企业岗位工作的，给予留用察看处分"和第十九条"有其他违规违纪行为或犯有其他较严重错误的，情节比较严重的，给予记大过处分"的规定。最终，给予该机务段张某等 6 人留用察看、记大过处分。

案例启示

企业职工监守自盗的行为将给企业带来巨大损失，甚至会给铁路安全运行造成不利影响。职工要始终与企业同发展、共命运，坚守好自己的岗位，履行好自己的职责，以实际行动践行"人民铁路为人民"的宗旨，而不是为了个人利益而危害企业，结果肯定得不偿失。

◆ **案例 97** ....

　　某单位职工金某对枪支极其感兴趣，平常自己也喜欢研究，便通过非法渠道购买枪支 11 支，有时候也带出去到田野里打猎。他自以为没有做过违法犯罪的事情，购买枪支也就没有影响，后经公安机关调查，在其住处查获其非法持有的枪支。

法律视角分析

　　金某私藏枪支的行为，违反了《中华人民共和国治安管理处罚法》

第三十二条"非法携带枪支、弹药或者弩、匕首等国家规定的管制器具的,处五日以下拘留,可以并处五百元以下罚款;情节较轻的,处警告或者二百元以下罚款"的规定。因违法情节轻微,金某最终被公安机关批评教育,并处以1 000元以下罚款。

案例启示

枪支作为伤害性较强、危害性较大的武器,不能作为个人的兴趣爱好,否则将对公共安全造成不利影响。个人的兴趣爱好,必须在法律规定的范围之内,这既是对自己的生命安全负责,也是对他人和社会负责。

◆ 案例 98

　　某单位刚刚担任采购部业务员不久的楼某，负责采购五金配件的业务。在五金店老板的诱惑之下，楼某利用职务上的便利，以提高部分五金配件价格，多出部分余额以回扣形式转给自己的方式，先后三次将 4 万余元现金汇入自己的个人账号中。之后，楼某以同样的手法，多次在采购五金配件的过程中收取回扣，直至案发。

法律视角分析

　　楼某违法拿取回扣的行为，违反了《中华人民共和国刑法》第一百六十三条"公司、企业或者其他单位的工作人员，利用职务上的便利，索取他人财物或者非法收受他人财物，为他人谋取利益，数额较大的，处三年以下有期徒刑或者拘役，并处罚金；数额巨大或者有其他严重情节的，处三年以上十年以下有期徒刑，并处罚金；数额特别巨大或者有其他特别严重情节的，处十年以上有期徒刑或者无期徒刑，并处罚金。公司、企业或者其他单位的工作人员在经济往来中，利用职务上的便利，违反国家规定，收

受各种名义的回扣、手续费，归个人所有的，依照前款的规定处罚"的规定。最终，楼某被判处有期徒刑两年。

案例启示

企业的业务员，尤其是负责采购、经费使用等相关岗位的业务员，是职务犯罪的多发人群。年轻干部容易受一些厂商的诱惑，以为这样的操作没有什么不对，不知其本质是利用职务之便进行的违法犯罪行为，久而久之还将导致企业财产遭受巨大损失。

◆ **案例 99**

出生于 1988 年的某街道办招商局原副局长周某，于 2016 年 3 月至 2018 年 3 月工作期间违规经商办企业，并利用负责保管某村"农村新社区自建房"预付款及施工方上交的保证金的职务便利，挪用公款数百万进行经营活动。

法律视角分析

周某利用职务之便非法挪用资金的行为，违反了《中华人民共和国刑法》第三百八十四条"国家工作人员利用职务上的便利，挪用公款归个人使用，进行非法活动的，或者挪用公款数额较大、进行营利活动的，或者挪用公款数额较大、超过三个月未还的，是挪用公款罪，处五年以下有期徒刑或者拘役；情节严重的，处五年以上有期徒刑。挪用公款数额巨大不退还的，处十年以上有期徒刑或者无期徒刑"的规定。最终，周某被开除党籍、开除公职，并被判处有期徒刑三年，缓刑四年。

案例启示

年轻干部大都处于人生攀爬期，特别是"80后""90后"群体大都面临着购房、结婚、赡养老人、子女教育等诸多方面的现实压力。进入社会后，他们本是同龄人中的优秀分子，同体制外一些高收入同龄人的盲目攀比，令他们充满挫败、心理失衡。有的人甚至认为自己的付出与收获不成正比，导致价值观错位，把有钱人当偶像，把发财当梦想，进而开始不择手段地利用职权挪用公款、攫取钱财，导致自己的前途尽毁。

◆ **案例 100**

杨某，男，1989 年出生。2017 年至 2021 年，杨某利用职务上的便利，在定点职业技能培训机构认定、年度培训任务计划分配等方面为八所职业技术学校提供帮助和关照，38 次收受好处费共计104.4 万元；2018 年至 2021 年，杨某多次接受多个管理服务对象宴请，并且收受多个培训学校负责人赠送的高档礼品；2021 年 4 月，杨某在得知某职业技术学校校长接受组织调查后，多次违规向其打听案情，违反了政治纪律。2021 年 12 月，杨某受到了开除党籍和开除公职处分，且因涉嫌犯罪而被移送司法机关依法审查起诉。

法律视角分析

杨某不知收敛地违反中央八项规定精神，多次接受可能影响公正执行公务的宴请，收受可能影响公正执行公务的礼品等一系列行为，违反了《中国共产党纪律处分条例》第八十八条、第九十二条，《中华人民共和国公职人员政务处分法》第三十四条的规定；利用职务便利为他人谋取利益，多次收受多人好处费，涉嫌构成受贿罪，违反了《中华人民共和国刑法》第三百八十五条、《中国共产党纪律处分条例》第二十七条、《中华人民共和国公职人员政务处分法》第三十三条第一款第一项的规定。因有两种以上应当受到处分的违纪违法行为，最终给予杨某开除党籍、开除公职处分。

案例启示

对抗组织审查，收受高档礼品，利用职务为他人行方便谋利益，这些错上加错的行为，只能以罚之重罚来教训。只有及时收手，及时悔改，才能够及时止损。